ミニ・ビオトープで
メダカを飼おう！

熱帯性スイレン（ティナ）の花とシロメダカの群れ

文・写真　小林道信
KOBAYASHI, Michinobu

CONTENTS

ミニ・ビオトープでメダカを飼おう！

CONTENTS

スイレンの蕾とシロメダカ

ミニ・ビオトープの世界

水面に浮かんだ浮き草の上で休んでいるトウキョウダルマガエル

ミニ・ビオトープを作ろう！

◎ミニ・ビオトープの世界

「ビオトープ」とは、生き物（Bio）が生息する場所（Top）という意味の合成語（ドイツ語）です。英語では、バイオトープ（Biotope）と呼びます。「ビオトープ」の本来の意味は、生物が生息している空間、つまり一定の生態系がある空間を指す言葉でした。しかし、わが国ではむしろ、人工的な空間、すなわち、自然が失われている空間に人工的に作り上げた生物の棲息環境（主に水辺環境）を指す言葉として使われています。たとえば、小学校の校庭の一部に作られた、水生植物が茂り、メダカやカエルなどの水棲生物が棲む人工池などが「ビオトープ」と呼ばれています（人工的な水辺環境が「ビオトープ」と呼ばれるようになったのは、小学校の校内で作りやすかったことが理由のようです）。

　このあたりの言葉の意味の変化は、元の英語では、来客用の寝室が何室もあるような「豪邸」を意味する「マンション（Mansion）」という言葉が、わが国では「比較的大規模な分譲タイプの集合住宅」を意味する言葉になってしまっていることによく似ています。

　もちろん、本書は、後者の意味の「ビオトープ」をテーマとしています。本書、『ミニ・ビオトープでメダカを飼おう！』は、スイレン鉢やひょうたん池などの小規模な「ビオトープ」作りをテーマとした本です。それゆえ、ミニ・ビオトープなのです。規模の大きな本格的な「ビオトープ」に興味を抱き、実際に作ってみたいと考えている方はとて

温帯性スイレンは、水が完全に凍結しない環境なら、簡単に越冬します。

ミニ・ビオトープの世界

スイレン鉢に作られたミニ・ビオトープ

も多いようですが、名前ほど豪華ではない「マンション」や「アパート」に暮らす方が大半のわが国の住宅事情（特に都市部）では、本格的な「ビオトープ」作りは現実的ではなく、ミニ・ビオトープ作りを楽しまれている方が大半なのです。

　規模の大きな「ビオトープ」は無理でも、ミニ・ビオトープなら誰にでも楽しむことができます。ミニ・ビオトープに使う容器も、比較的安価なスイレン鉢やヒョウタン池、タフブネなどですから、購入しやすく、設置スペースも小さなものを選べば、最小限で実現できるのです。しかも、これらのミニ・ビオトープでは、基本的にベランダや庭などの屋外に設置し、熱帯魚水槽のように加温のために多くの電力を必要としませんから、電気代が全くかからないか、せいぜい、水中へ空気を送るエアポンプを作動させるための微々たる電力ですむのです。そのため、

ミニ・ビオトープを作ろう！

総排出口に多数の卵をぶら下げたアオメダカのメス。メダカは、繁殖がとても簡単な小さな淡水魚です。

維持費はかなり安く、一度セットして安定してしまえば、せいぜいメダカたちに与える乾燥餌代やスイレンたちへの追肥にかかる油かす代程度ですむのです。

このように、さほど維持費がかからないミニ・ビオトープですが、これを作った人には、様々な楽しみを長期にわたって与えてくれます。例えば、このミニ・ビオトープにスイレンやハスを植えれば（栽培はとっても簡単です！）、きっと美しい花を咲かせて楽しませてくれます。また、メダカを何匹か飼えば、やがて繁殖して可愛らしい稚魚たちの、実に微笑ましい「メダカの学校」の様子を見せてくれるのです。そして、このミニ・ビオトープに植えられて茂り、風で時々揺らめく水生植物たちの緑の茂みは、見る人に深い癒しを与えてくれるのです。さあ、ぜひ、この素敵なミニ・ビオトープを作りましょう！

熱帯性スイレン、ピンクルビー（別名：プラウションプー）の花。栽培はやさしく、誰にでもこの花を咲かせることができます。

アオメダカのふ化後間もない稚魚（ふ化後約２日）

ミニ・ビオトープの魅力

温帯性スイレンの花

狭いスペースで作れる楽しさ

ハス（左）とスイレン（右）が育つミニ・ビオトープ

都会のマンションによくある狭いベランダのような空間でも楽しめることは、ミニ・ビオトープの大きな魅力の一つでしょう。比較的小さな容器にミニ・ビオトープを一つ作り、そこでスイレンを育てたりメダカを飼えば、魅力的な小さな生き物が棲む水の世界を作り出すことができるのです。ミニ・ビオトープは、その名の通り小さな空間ですが、その製作者は実に魅力的な世界を楽しめるのです。また、ミニ・ビオトープは、基本的に屋外に設置するものなので、電気代が基本的にかからず、維持費がほとんどかからない点も大きな魅力でしょう。お金を少ししかかけなくても手間をかければ、スイレンなどの植物は毎年美しい花を咲かせてくれますし、メダカたちは繁殖して子孫を殖やしてくれるのです。

ミニ・ビオトープの魅力

ミニ・ビオトープは、さほど広くない団地やマンションのベランダなどでも楽しむことができます。日当たりがある程度ある場所なら、スイレンやハスの開花も楽しめます。

マンションのベランダにあるミニ・ビオトープで育ち、初夏に開花したハスの花です。ハスの花は、スイレンよりもずっと大きな花（手を広げたぐらいの大きさ）を咲かせるのでとても見応えがあります。

白い花弁に淡いグラデーションで紫色が入る美しいハス。品種名は、「小舞妃(しょうまいひ)」。中国名は、「シャオウーフェイ」。(ハスの撮影：黒澤良紀)

マンションのベランダで咲いた美しい大きなハスの花は、存在感がたっぷりです。

ハスの花は、明るい空に向かって咲きます。

ハスの花の中央部分には、「花托（かたく）」（メシベが生えており、多数の種子ができる部分）と呼ばれるスイレンにはない逆円錐形の特徴的な器官があります。

花の開花

熱帯性スイレン、ティナの花のクローズアップ

育てているスイレンやハスなどの開花は、ミニ・ビオトープ作りの大きな楽しみの一つです。一般にスイレンなどの水生植物は、各種の園芸植物の中では育てるのがやさしい種類が多く、誰にでも確実に花の開花を楽しむことができるのです。ミニ・ビオトープ作りが現在のように人気が高くなってきたのも、誰にでも簡単に花を咲かせることができることが大きな理由のようです。上手にスイレンやハスなどの花を咲かせるには、次のポイントを押さえておけば、きっと見事な花を咲かせることができます。まず、太陽の光をたっぷりと当てること（理想は終日、少なくとも半日）と、土中に油かすなどの緩行性の肥料を数粒ほど埋めておくことです。この二つのポイントを押さえておけば、スイレンやハスの開花は、誰にでも簡単に実現させることができるのです。

熱帯魚水槽用の水草として有名なタイ・ニムファの花。写真のこの花は、蛍光灯の光だけで開花しました。

小さな魚を群れで飼う楽しさ

緑の藻が茂る池の中を穏やかに泳ぐヒメダカの群れ

自然の水辺を小さな飼育容器に再現するミニ・ビオトープでは、水中に暮らす生き物の中では、メダカを選ぶことが一般的です。なぜならメダカは、電気で作動させるフィルター（ろ過装置）を取り付けなくても充分に飼える丈夫な魚だからです（もちろん、ヒーターやサーモスタットも不要です）。また、元々わが国の自然の中で暮らしている魚なので、自然の水辺を再現するミニ・ビオトープには最適なのです。もう一つ、メダカの良い点を挙げるとしたら、猫除けの見苦しい金網のフタをしなくてもよいので、メダカたちが群れで泳ぐ自然な姿を楽しめることでしょう。メダカは体が小さ過ぎて、猫の爪では金魚のように引っかけて捕まえることができないのです。

ミニ・ビオトープの魅力

クロメダカ（野生のメダカ）の群れ。自然の再現を目指すミニ・ビオトープには最も似合う魚です。

小さな命の誕生

水草（ウィローモス）に産み付けられたメダカの受精卵

メダカのようにとても小さな生物でも、自分が世話をしているミニ・ビオトープの中で繁殖を行ない、新しい命が生まれてくる様子を観察できれば、とてもうれしくなるものです。一般にメダカの卵は直径が1.3～1.5mmとかなり小さいのですが、その卵が受精し、やがてたいへん小さな稚魚となってふ化するのを見れば、誰でもきっと穏やかで優しい気持ちになることでしょう。「生命の神秘」というと大げさですが、メダカのように生物の興味深い繁殖生態をこれほど手軽に誰でも観察できる種類は貴重な存在です。なぜなら、メダカたちは、バケツ大の水を入れる容器を用意し、毎日餌を与える程度の世話をしてあげるだけで、彼らの興味深い繁殖生態を実に簡単に見せてくれるからです。

ふ化間近のメダカの受精卵

栄養状態がよい成熟したメスのメダカは、水温が10～15℃以上になると、産卵を開始します。水温が20℃以上になると、ほぼ毎日のように卵を10粒ずつ産卵します。オスによって受精された卵は、メスが水草の茂みなどに付着させますが、産卵後、しばらくの間、メスの総排出腔からぶら下がっていることもよくあります。

稚魚の成長

メダカのふ化後間もない稚魚（ふ化後約２日）

ミニ・ビオトープでふ化したメダカの稚魚たちが、日々少しずつ成長してゆく様子を観察することは、とても楽しいものです。生まれた直後は全長が5～6mmほどの稚魚たちの成長スピードは思いの外速く、毎日何度も餌を与えれば、その都度、食べられるだけ食べ、お腹をパンパンにしてしまいます。メダカの稚魚たちは、早いもので生後3カ月ほどで性成熟し、産卵を始めます。このページで紹介しているメダカの稚魚は、ふ化後約2日の写真ですが、肉眼で見ると小さすぎて（まるで針の先のようです！）残念ながら細かい部分までは観察できません。これらの写真を見ると、透明な体の各所にきれいな色が入っていることや、ふ化直後からすでに目が高い位置（目高）に付いていることがわかると思います。

大きく口を開けてアクビをしたメダカの稚魚

メダカの稚魚の背中には、きれいな細い金色のラインが走っていた

様々な生物の来訪

ミニ・ビオトープにやって来たトウキョウダルマガエル

ささやかな水辺があり、時には花も咲くミニ・ビオトープには、「水の匂い」や「花の蜜の香り」に誘われて、多様な生物がやって来ます。「水の匂い」に誘われてやって来る生物としては、ダルマガエルの仲間（トウキョウダルマガエルやトノサマガエルなど）がいます。このカエルは水辺に好んで暮らす生き物ですが、水量がわずかしかないミニ・ビオトープの「水の匂い」がわかるらしく、春から初夏になるといつの間にかやって来て、スイレンの浮き葉の上などで体を休めていることがよくあります。「花の蜜の香り」には、様々な昆虫が誘われてやって来ますが、やはり、ミツバチなどの蜂の仲間の来訪が多いようです（刺されると危険なスズメバチも水を飲みに来ますので注意しましょう！）。

ミニ・ビオトープの魅力

熱帯性スイレン、ピンクルビー（別名：プラウションプー）には、甘い蜜の香りに誘われてミツバチがよくやって来ます。

スイレンの浮き葉の上で体を休めるトウキョウダルマガエル

餌やりの楽しさ

乾燥餌を食べるアオメダカたち

ミニ・ビオトープで飼っているメダカなどの小さな生き物たちに餌を与える作業は、飼育者としての義務を果たすことですが、同時に飼育の喜びを強く感じる大切な時間です。元気よく餌を食べてくれる小さな生き物たちの様子を観察していると、ちょっとした日々のストレスなどは、すぐに消えてしまいます。一生懸命に餌を食べている様子を見ていると、ゆっくりと心が癒されてゆくのではないでしょうか。もちろん、この餌やりの時は、飼っている生き物たちの健康チェックも忘れずに行なってください。普段は臆病で水草や流木の陰などからなかなか出てこない小さな個体でも、餌の時だけは空腹に負けて姿を現し、たっぷりとその姿を見せてくれるからです。もし、問題がある個体が見つかったら、網ですくって別の水槽に移動させて治療しましょう。

口の大きさに合った小さな乾燥餌を食べるクロメダカたち

ふ化３日後の稚魚（全長約６mm）。お腹のヨークサック（栄養袋）はすでに吸収され、微細な餌を与えると賢明に捕食します。

Mini-Biotope Column 01

受精卵を総排出腔からぶら下げた、野生のメダカのメス（千葉県成田市産）。

◎グッピーよりもメダカの繁殖はやさしい？

日本のメダカは、野生種でも改良品種で繁殖は容易です。メダカの繁殖の経験がない方は、メダカの繁殖よりも、メス親のお腹から稚魚の形で産み落とされるグッピー（熱帯魚）の方が繁殖がやさしいのでは？と思われる方もいるかもしれません。しかし、実際に繁殖を行なってみると、メダカでは受精卵がふ化するまで10日前後（水温で変動します）ほど待つ必要があるものの、メダカのメスはほぼ毎日産卵を行なうので、「繁殖の難易度」で比べても、それほど大差ない「やさしさ」だと感じられることでしょう。

よい環境で飼われているメダカのメスは、毎日、約10粒ほど卵を産卵するので、1カ月では、30日×10粒＝３００粒ほど卵を産みます。仮にふ化率が80％だとしても、毎月２４０匹の稚魚が生まれてくることになります。グッピーも繁殖力が大きい魚ですが、メスが1カ月に産み落とす稚魚の数は10～30匹（最多でも50匹ほど）ですから、人に世話をしてもらえる環境では、メダカの方がグッピーよりも繁殖力が大きいと言えるのです。一方、自然の環境では、グッピーの稚魚の方がメダカの稚魚の2倍も体長があり、体重で比べれば15～20倍はありますから、メダカの稚魚よりもずっと成魚になれる確率が高いのでしょう。そのため、両者の自然下での繁殖率はさほど変わらないと思いますが、飼育下では、メダカの方がずっと殖えやすいのです。

ミニ・ビオトープの作例

スイレンと抽水性植物で構成したミニ・ビオトープ

ウォーターポピーが咲くミニ・ビオトープ

◎黄色の花を咲かせよう！

　このミニ・ビオトープでは、直径約45cmのスイレン鉢に鉢植えのスイレンとウォーターポピーを入れ、さらにマツモ（根のない水草）を漂わせ、クロメダカを10匹ほど飼育しています（自然繁殖していますが、狭いせいか、ふ化した稚魚の生存率はあまりよくないようです）。この状態で3年ほど、ほとんど手間をかけずに（時々餌をやり、半年に2回ほど、アオミドロ類を取り除き、差し水をする程度）このミニ・ビオトープを維持しています。やや水草が入り過ぎの状態ですが、いつの間にか、ウォーターポピーの黄色い花が一輪だけ、咲いていたのです。

　このミニ・ビオトープは、あまり日当たりの良くない場所に置かれているため（午前中のみ、太陽光がよく当たります）、それぞれの水草の成長は明らかによくないのですが、

ミニ・ビオトープの作例

ウォーターポピーの花

ウォーターポピーは、がんばってとてもきれいな花を咲かせてくれたのです。ウォーターポピーの花は清潔感のある黄色で、きれいなグラデーションとなっています。もし、もっと日当たりの良い場所に移動させ、土の中に油かすなどの肥料を充分に与えてあげれば、もっとたくさんの花を咲かせ、見事なお花畑のような光景を見せてくれるはずです。

多くの人に人気がある各種のスイレンの花々は素晴らしいものがとても多いですが、このシンプルな黄色い花の美しさも、見逃してはもったいないのではないでしょうか？　もし、園芸店などで見かけたら、ぜひ、入手して栽培に挑戦してみてください。本種の栽培はそれほど難しくありませんので、誰にでも花を咲かせることができるはずです。ちなみに、スイレンと同じ容器で育てる場合は、赤い花を咲かせるスイレンと組み合わせるとよいでしょう。

タフブネで作るミニ・ビオトープ

２つのタフブネに作られたミニ・ビオトープ（写真奥）。ナガバオモダカが多数の白く可憐な花を咲かせています。

◎タフブネを活用しよう！

タフブネ（タフ船）というのは、丈夫な合成樹脂製の浅い四角い容器です（ホームセンターなどで販売されています）。主に、セメントを砂や砂利と混ぜてコンクリートなどを作る時の容器などに使われます。タフブネは、比較的浅いこと、とても頑丈に作られていることなどから、ミニ・ビオトープ（水生植物など）の栽培容器としても、とても適しているのです。なお、ホームセンターなどで販売されているタフブネの主なサイズ（幅×奥行き×高さ）としては、以下のような種類があります。

- 外寸６１６×４６７×１８５mm
- 外寸８５８×５２１×２０６mm
- 外寸９２４×６１６×２１０mm
- 外寸１２３２×７６６×２０７mm
- 外寸１３６４×９０２×２０７mm

タフブネに水生植物などを植えたミニ・ビオトープを作るには、以下

ミニ・ビオトープの作例

水草の茂みの中には、シロメダカの群れが暮らしています

の手順で製作します。まず空のタフブネを水平な場所に設置します。設置場所は、できるだけ日当たりがよい場所を選んでください。一日中日が当たる場所でなくてもかまいませんが、一日の半日ほどは日が当たる場所やできるだけ明るい場所に設置してください。

次に、水生植物用の用土をタフブネの底に厚さ5〜8㎝ほどの厚さに敷き詰めます。そして、土の上にお皿などを置いて土に水流が当たらないようによく注意してタフブネに水を満たします。水を満たしたら、翌日に各種の水生植物（ナガバオモダカなど）を植え、一週間ほどそのまま育てます。

セットして一週間以上が経過し、水草や土中の各種のバクテリアの働きで水が澄んできたら、メダカなどを入れて泳がせます。魚を入れる場合は、最初は数匹だけ入れて必ず様子をよく観察してください。

自作アクリル水槽のミニ・ビオトープ

アクリル水槽の良いところは、横方向から水中を見られることですが、こまめなコケ掃除が欠かせません。

◎アクリル水槽にミニ・ビオトープを作ろう！

この写真は、自作したアクリル水槽をちょっと広いベランダに設置し、ミニ・ビオトープとしたものです。設置した水槽のサイズは、90cm（幅）×90cm（奥行き）×30cm（高さ）、アクリル板の厚さは、すべて5mmです。この自作のアクリル水槽は、当初は室内用に製作したため、水圧によるアクリル板の膨らみ防止と強度アップのために、3cm角の角材で四角い枠を作り、水槽の上部の縁の部分にはめて使っていました。しかし、このベランダでは、万が一、漏水してもほとんど実害がないので、見栄えが良くなるように取り外しています（そのため、水圧で多少膨らんでいます）。

このミニ・ビオトープでは、水槽の底へ砂利（南国砂）を厚さ5～7cmに敷き詰め、フィルターは大型の

ミニ・ビオトープの作例

外部式パワーフィルターを取り付けています。

植物は、水槽の前景にウォーターマッシュルームを植え、後景にはスパティフィラムやラジカンス、アマゾンソードプラントなどを植えています。また、水面には、アマゾンフロッグビットやハイドロリザを浮かべて育てています。

ベランダで咲いたアマゾンソードプラントの花

なお、屋外に設置したミニ・ビオトープに水草を植える場合は、水中葉の水草（屋内にある水槽の水中など、暗い環境で育った水草）ではなく、できるだけ水上葉の水草（屋外で栽培されていた水草）を植えるようにしてください。屋外と比べれば圧倒的に暗い室内の水槽で育っていた水草を急に屋外のミニ・ビオトープに植えると、強すぎる太陽光に耐えられず、葉が白化して枯れてしまうからです。特に真夏の日差しは強烈ですから、暫くの間は遮光ネットで減光するなどして、植物たちを少しずつ明るい環境に慣らすようにしてください。

この水槽の中に泳がせている魚は、東南アジア産のコイ科の魚、プンティウス・フィラメントススです。屋外のミニ・ビオトープでこの魚のような熱帯魚を泳がせる場合は、魚の種類にもよりますが、水温が20～15℃を下がるようになったら、魚をすべて掬って室内の水槽へ移動させるとよいでしょう。

また、ラジカンスやアマゾンソードプラントなどの熱帯産の植物は、水温が15℃を下がるようになったら室内の水槽へ移動させます。ウォーターマッシュルームやアマゾンフロッグビットは関東地方以南なら、そのままの状態で越冬できます。

ひょうたん池のミニ・ビオトープ

アマゾンフロッグビットとマツモを浮かべた「ひょうたん池」（60cmの最小サイズの製品）

◎ひょうたん池を活用しよう！

観賞魚ショップやホームセンターの観賞魚コーナーでよく見かける「ひょうたん池」（ポリエチレン樹脂製成型池）は、大きさ（長辺）が60cmから、大きなものでは180cmぐらいまで、多種類のサイズが売られています。店頭ではほとんど見かけませんが、製品としては（多くの場合、取り寄せになります）、最大で2.6mほどの巨大な製品もあります。

「ひょうたん池」は、基本的に地面に埋設して使用しますが、それほど大きくない製品では、埋設タイプであっても地面に埋めずに満水状態でも使用できる製品もあります。また、大きな製品では、排水栓が付いている製品が多いようです。ちなみに、樹脂製成型池には「ひょうたん」型以外にも、細長い四角形などの製品もあります。樹脂製成型池は多くのインターネット通販で販売されて

ミニ・ビオトープの作例

水温 10℃の水面に浮かぶアマゾンフロッグビット。夜間の水温は 5℃ですが、枯れずに青々とした色を見せています。

いますので、大きな商品は自宅へ配送してもらうとよいでしょう。

写真の「ひょうたん池」は大きさが60cmの埋設型ですが、庭の地面に置いたままの満水状態で使用しています。多少、水圧で少しゆがんでいますが、破裂してしまうことはなさそうです。埋設型の「ひょうたん池」は、大きさが60cmのものでも、水量は30ℓはありますから、ベランダなどで使用し、念のため室内には置かない方が賢明でしょう。

横からの写真

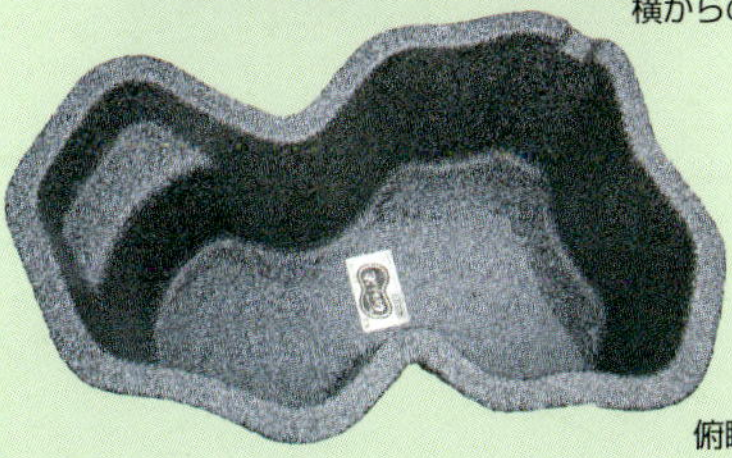

俯瞰写真

ひょうたん池のミニ・ビオトープ

浮き草の間を仲良く泳ぐシロメダカの群れ

ガラスボールのミニ・ビオトープ

浅いガラス製のボールに、根が常時水に浸っていても枯れにくいテーブルヤシなどを入れ、メダカを泳がせています。

◎卓上のミニ・ビオトープ

ホームセンターの観葉植物のコーナーや大きな園芸店などには、東南アジアで作られた安価なガラス製容器が各種売られています。これらの中には、キッチンテーブルの上などに飾るのに良さそうな、手頃な大きさの浅い容器（ガラスボール、直径25～30㎝）もあります。このようなガラス製ボールを使えば、室内に置いて楽しむ最小サイズのミニ・ビオトープを作ることができます。

このミニ・ビオトープにお勧めの植物（ミニ観葉植物、略して「ミニ観葉」）は、園芸店などでよく販売されているテーブルヤシのような、根が絶えず水に浸った状態でも腐らずに育つことができるタイプの植物です。このタイプの植物なら、それぞれの植物が植え付けられている小さなポットを腰水の状態にして育てることができます（つまり、水耕栽培

ミニ・ビオトープの作例

左の黒い小岩が吸水性の高い火山岩。ドラセナ・サンデリアーナ・ゴールド（ミニ観葉）が植え付けられています。

の状態です。なお、ポットの高さは、ボールの中に薄いレンガなどを置いて調節します。ただし、ミニ観葉の種類によっては根が絶えず水に浸った状態では根腐れを起こしやすい種類があります。

このミニ・ビオトープには、多孔質で吸水性のよい火山岩（軽石など）に植え付けられたミニ観葉も入れることができます。これは、最初から火山岩に根付かせて観賞用に栽培・販売されている植物です（ミニ観葉を扱っているインテリアショップなどでよく売られています）。水を張ったボールにこのミニ観葉付きの溶岩を入れるだけで、火山岩がボールの水を吸い上げ、ミニ観葉の根が水を吸える仕組みです。このタイプのミニ観葉なら、根が絶えず水に浸り過ぎて根腐れを起こしにくくてよいのですが、パキラやアジアンタムなど、ポピュラーな植物しか品揃えがないのが残念なところです。

ナガバオモダカのミニ・ビオトープ

花をたくさん咲かせることが、本種の最大の魅力です

◎可憐な白い花を咲かせる魅力的な抽水性植物

陶器製の鉢に用土を敷き、ナガバオモダカだけを植えたミニ・ビオトープです。鉢の中には、ボウフラ退治を兼ねて、メダカを少しだけ泳がせています。

ナガバオモダカは、株が充実すると花茎を高く立ち上げ、白く可憐な花をたくさん咲かせますので、さわやかな印象の水景に仕上がります。丈夫で育成もやさしい種類ですから、ミニ・ビオトープ作りのビギナーの方にもお勧めできます。

なお、本種は、昔からわが国に生えていた種類ではなく、海外からやって来た外来生物です。本種の販売や栽培は、今のところ法律で禁止はされていません。しかし、繁殖力が非常に強いため（ランナーを伸ばして殖えます）、自然環境へ流出しないように充分に注意しましょう。

500円硬貨大の可憐な白い花をたくさん咲かせ、風に揺らめいている様子は、とても清々しい印象です。

Mini-Biotope Column 02

アルビノ・ダルマメダカ（上）とアルビノ・半ダルマメダカ（下）

◎ダルマメダカはご用心！

体の長さが短いダルマメダカは、脊椎骨の数が正常な個体と比べて生まれつき少ない「異常個体」です。簡単に言えば「奇形魚」なのですが、全体の印象がダルマのように見えるのでとても可愛らしく、多くのメダカ愛好家から人気を集めています。「体の長さが生まれつき短い」というこのダルマメダカの特徴は遺伝するため、多くのメダカ・ブリーダーの選択交配によって固定され、現在ではかなり人気が高い改良品種となっています（30℃以上の高い水温で受精卵を発生させると、ダルマメダカの出現率が高くなることが知られています）。以前は流通量が少なくかなり高価な品種でしたが、今ではだいぶ入手しやすい価格になってきました。

しかし、このダルマメダカは、体の長さが極端に短いという特徴のために、内臓などに負担がかかり、正常な形のメダカと比べると明らかに長生きさせるのが難しいようです。また、ダルマメダカは体の長さが短いため、泳ぐのも下手で遅く、普通のメダカと混泳させていると先を越されて餌にありつけないことがあります。このような理由から、ミニ・ビオトープでダルマメダカを飼う場合は、ダルマメダカだけで飼い、正常な体形を持つメダカとは混泳させない方がよいでしょう。また、ダルマメダカはあまり泳ぎが上手ではないので、エアレーションなどで強い水流は作らないようにしてください。

ミニ・ビオトープに適した水草

リサンタ（ヒメスイレン）の花

水草の水上葉と花

きれいな青紫の花を咲かせているウォーター・バコパ

◎水草を水上葉で育てよう！

観賞魚ショップなどで「水草」として販売されている多くの種類の植物（特に有茎の水草）は、その大半が沈水性の水草のように水中だけで育つのではなく、水上へ高く茎を伸ばして育つ植物です。これらの多くの水草は、条件（水中の二酸化炭素濃度、照明の明るさ、pH、硬度など）次第では、草体全体が水没した状態でも育つことができますが、成長して頭頂部が水面上へ出れば、そのまま成長を続け、水面上で茎や葉を茂らせてゆくのです。

水面上に出た水草の茎は、自分自身の体の重さを支えるために太く堅くなり、葉は強い太陽光線に耐えられるように（水中葉と比べると）やはり堅く厚いしっかりとした葉となるのです。水面上に出た水草は、光合成を行なって充分に貯めたエネルギーを使い、やがて美しい花を咲かせます。

　有茎の水草は、ほとんどの種類がこのタイプの植物ですから、ミニ・ビオトープの浅瀬に植えると、すぐに根を張り、水上に立ち上がって育ってゆきます（有茎の水草が植えられたミニ植木鉢やミニ・ポットを腰水の状態になるようにミニ・ビオトープの浅瀬に置いてもかまいません）。このようなアレンジを行なうと、ミニ・ビオトープ内に自然な印象の水辺を作り出せます。

　以上のように水上で栽培した有茎の水草は、太陽の光を一日中たっぷりと浴びて育ちますので、かなり丈夫な株に育ちます。水草を水上葉で栽培する期間は春から秋にかけてがよく、晩秋になり水温が10～15℃以下に下がってきたら（種類によって耐寒性にだいぶ差があります）、屋内の水槽へ移動させるとよいでしょう。太陽の光をたっぷりと浴びて育っている水上葉の水草は、丈夫でかなり体力があります。そのため、室内の水槽へ移動させてもその環境に素早く順応し、やがて繊細で美しい水中葉を茂らせてくれます。

エイクホルニア・アズレアの水上葉と花

エイクホルニア・アズレアの水中葉

沈水性の水草

マツモ

●ミニ・ビオトープに最適な浮遊性の水草です。マツモは根を持たず、水面直下に漂い、葉の付け根の部分から新芽が次々に出て、複雑に枝分かれして繁殖します。本種の茎は折れやすく、折れて小さな草体になってもすぐに新芽が出て殖えてゆくことができます。ミニ・ビオトープの水面に浮かべると、メダカの産卵床や稚魚たちのよい隠れ家となります。ただし、生育条件がよくて殖え過ぎたら、時々間引く必要があります。本種は高水温や低水温にも強く、本州以南では屋外で越冬できます。

◎水中で育つ水草を育てよう！

沈水性の水草とは、草体のすべて、あるいはそのほとんどが水中にある状態で育つ水草のことです。つまり、完全に水中の世界に適応した植物で、水面上に茎を立ち上がらせて育ってゆく種類の水草と比べれば、水草らしい水草と言えます。

沈水性の水草は、成長しても水面から姿を現さないので、「ミニ・ビオトープ」全体の外観を壊さないですむという長所があります。また、成長が速い種類が多いので、水質の安定や浄化にもある程度の効果が期待できるようです。

ただし、沈水性の水草は、水中の中だけで殖えてゆきますので、殖え過ぎると水中の魚たちが泳ぐ空間が狭くなってしまう欠点があります。そのため、そうならないように、時々、殖え過ぎた水草を適度に間引いてあげる必要があります。

ムジナモ

●流れが緩やかな水域の水面直下に浮かび、小さな二枚貝のような捕虫嚢で動物性プランクトン（ミジンコなど）を捕らえて食べる食中植物の水草です。自然のムジナモは絶滅が心配され、限られた自生地で厳重に保護（国の天然記念物指定）されています。かなり珍しい水草ですが、養殖されたものが時々、観賞魚ショップや園芸店などで販売されています。ミニ・ビオトープで栽培する場合は、同居させるメダカなどの数をできるだけ少なくし、フィルターを付けて清浄な水質を維持し、コケの発生をできるだけ押さえるとよい結果が得られるようです（水中へ二酸化炭素ガスの添加を行なえば、かなり活発に光合成を行ない、明らかに成長がよくなります）。ムジナモは、太陽光が大好きですので、なるべく日当たりのよい場所に置いてください。比較的高水温には強い水草ですが、高くても35℃を越えないよう管理します。また、水中にどうしても発生してくるアオミドロ類は、こまめに取り除いてください（飼育している魚の数が多いほど、アオミドロ類が発生しやすくなります）。なお、上の写真のムジナモは、水槽内に発生したサカマキガイの稚貝を捕虫嚢でたくさん捕らえているところです。

カボンバ

●とてもポピュラーな水草です。アルカリ性で硬水の水質を極端に嫌いますので、軟水の水（pHは、弱酸性〜中性）で栽培しましょう。メダカのメスが好んで産卵する水草です。

アナカリス（オオカナダモ）

●アルゼンチン原産の水草ですが、現在では、わが国を含む世界各地に分布している帰化植物です。水質の悪化に強く、非常に繁殖力が強いので、時々、間引く必要があります。

ニテラ

●針のように細い草体をもち、互いに絡まりあって成長する。この水草は、卵胎生メダカなどの産仔・育仔水槽でよく育てられています。

温帯性スイレン

エスカボークル

●赤い花色が印象的な温帯性スイレンです。緑の浮き葉と赤い花のコントラストは絶品です。外側の花弁は淡い色調になります。赤い花を咲かせるスイレンの中では、特にお勧めの品種です。栽培はやさしく、一般的なスイレンの栽培方法で、誰にでも花を咲かせることができるでしょう。

◎スイレン栽培の基本 温帯性スイレンを育てよう！

温帯性スイレンとは、主に温帯地方を原種とする様々なスイレンの仲間を元に改良された品種です。そのため、基本的にどの種類も低水温に強く、冬期でも株が完全に凍らず、水面だけ凍結する程度の環境では、一年中、屋外で栽培することができます（つまり、越冬できます）。このため、温帯性スイレンは、耐寒性スイレンとも呼ばれています。

温帯性スイレンの花色は、赤、オレンジ、ピンク、黄色、白などがあります。青や青紫の花は、今のところ、温帯性スイレンにはありません（熱帯性スイレンの花にはあります）。温帯性スイレンの改良は、主にヨーロッパや北米のスイレン愛好家の手によって行なわれてきました。現在では、多くの品種が作出され、世界中で栽培されています。

ミニ・ビオトープに適した水草

一般に温帯性スイレンの販売では、単に「スイレン 白花」とか「スイレン 赤花」などと書かれ、詳しい品種名が明記されずに売られていることがよくあります。これは温帯性スイレンを買い求める大半の方が（一部の熱心なスイレン愛好家は別ですが）、はっきりとした品種名が付いているスイレンを求めていないこと、一般向けに大量生産が行なわれているスイレンでは、長い栽培の間に交雑が進み、確かな品種名を付けることができないこと、などが主な理由のようです。もちろん、品種名が付属の小さなプラスチック・プレートに明記されている株もありますが、一般的な園芸店などで売られている温帯性スイレンの半分ほどは、「スイレン 白花」のような単純な名前で販売されているのです。

もちろん、主にスイレン愛好家向けに販売している園芸専門店やスイレンの栽培業者が運営しているインターネット・サイトでは、様々な品種の温帯性スイレンが詳しい品種名と共に販売されています。もし、ちょっと珍しい品種の温帯性スイレンが欲しくなったら、これらの店で探してみましょう（各種の熱帯性スイレンやハスも売っています）。

スイレン 白花

●ある観賞魚ショップの販売サイトで、「スイレン 白花」の名前で売られていた温帯性スイレンです。育ててみると、期待以上に美しい花が咲きました。詳しい品種名が明記されていないのは、長い栽培や交配の過程で、雑種化が進んでしまったからです。しかし、これだけ美しい花を咲かせるので、ビギナー向けの商品としては充分なのでしょう。

レッドスパイダー

●たいへん花立ちのよい温帯性スイレンです。太陽の光にたっぷりと当てて適度な肥料を与えてやると、次々に花芽を伸ばして花を咲かせます。花弁にはしわが入り、赤い色がぼやけたように見えることが特徴です。

温帯性スイレン

クリサンタ

●きれいなピンクの花を咲かせる温帯性スイレンです。各花弁の先端部が丸みを帯びているので、やさしい印象の花となっています。栽培はやさしく丈夫な種類です。初めて育てるスイレンとしては、悪くない選択の一つでしょう。たっぷりと太陽光を当てて育てましょう。

姫スイレン（ピグマエア・ヘルボラ）

●白い可憐な花を咲かせる姫スイレン（ヒメスイレン）です。花の中心部分のオシベが鮮やかな黄色で、清楚な印象です。花弁は多く、先端が尖った形をしています。

スイレン・サルフェリア

●温帯性スイレンのやや淡い黄色い花を咲かせます。一般種なので、ホームセンターの園芸コーナーなどで入手できます。育成と開花は難しくありません。

ミニ・ビオトープに適した水草

姫スイレン 桃花

●温帯性の小さなスイレンで、桃色の可愛らしい花を咲かせる一般種で入手も容易です。育成と開花はやさしく、小さな容器でも育てられます。この株は、「姫スイレン 桃花」の名前で売られていました。品種名は不明でしたが、充分にきれいな花を咲かせてくれました。

ヒメスイレン（白花）

●小さな白い花を咲かせる姫スイレンです。育成と開花の容易さは、桃色の花を咲かせる姫スイレンと同様です。一般的な品種なので、入手は難しくありません。

ユニイエロー・オレンジ

●オレンジがかったピンクの美しい花を咲かせる温帯性スイレンです。この花は、華やかな中にも上品さを感じさせてくれます。初めて育てるスイレンとしてはよい選択となるでしょう。

熱帯性スイレン

スター・オブ・シャム

◎初夏から秋は、熱帯性スイレンを育てよう！

鮮やかな花を咲かせる熱帯性のスイレンの仲間は、わが国でも初夏から秋にかけてなら、問題なく育てたり、花を咲かせて楽しむことができます。一般に熱帯性のスイレンは、大きな葉を作る種類が多いのですが、環境に合わせて成長する性質があるので、直径が40～50㎝以上ある容器（スイレン鉢など）なら育てることができます。

栽培のポイントは、温帯性（耐寒性）のスイレンと同じでよく、用土内に油かすを埋め込み、たっぷりと太陽光を当てているだけで、次々と新葉を伸ばし、花芽を立ち上げて花を咲かせてくれます。ただし、葉が茂り過ぎて株元部分に光が当たらなくなると新葉や花芽が出にくくなりますから、時々、殖えすぎた浮き葉を適度に間引いてください。

ミニ・ビオトープに適した水草

ティナ

●やや薄い紫がかった青い花が咲く熱帯性スイレンの入門種です。町の園芸店やホームセンターの園芸コーナーなどでも入手できます。花立ちがよく育てやすいので、熱帯性スイレン栽培のビギナーの方に入門種としてお勧めしたい種類です。やや淡い青紫の花は美しく、直径は10～15cmほどあるので見応えがあります。浮き葉はやや茶色がかった緑色で、濃い模様は入りません。写真は開花1日目の姿で、花の中央部分にある円状に立っている雄しべは直立していますが、開花2日目には中央に倒れ、やや違う印象の花となります。強健種でムカゴ（浮き葉の中心部分にできる子株）もできやすく、繁殖も容易な種類です。

スター・オブ・シャム(右頁)

●淡いグラデーションとなる明るい青紫の美しい花を咲かせる熱帯性スイレンです。タイで作出された品種です。昼に咲く花は、直径13～15cmほどです。直径20～25cmほどになる浮き葉には、濃い赤紫の複雑な模様が入ります。比較的有名な品種ですが、町の園芸店などでは入手は困難です。

ギャレット・ブルー

●青紫の美しい花を咲かせる熱帯性スイレンです。上のティナに少し似ていますが、本種は花弁の数がずっと多いので、より豪華な印象です。直径20cmほどになる黄緑色の浮き葉には、模様は入りません。熱帯性スイレンとしては比較的ポピュラーな品種ですが、町の園芸店などでは入手は難しいでしょう。本種は花茎を水面から20～30cmほど立ち上げ、直径13～15cmの花を咲かせます。背の高い花の姿はたいへん気品があります。強健種でムカゴ（浮き葉の中心部分にできる子株）もできやすく、繁殖も容易な種類です。

熱帯性スイレン、ティナの花（俯瞰写真）。鮮やかなオレンジとパープルのコントラストがとてもきれいです。

熱帯性スイレン

ギガンティア

●別名、ブルーギガンティア。オーストラリア原産の原種の熱帯性スイレンです。最大級の美しい青い花（10～18cm）を咲かせることで知られています。大きく立体的な花姿が特徴です。普通の園芸店では入手が難しい種類ですので、インターネット通販などで入手するとよいでしょう。

ピンクルビー

●別名：プラウションプー。最も一般的な熱帯性スイレンの一つです。町の園芸店やホームセンターの園芸コーナーなどでもよく売られていますので、入手はそれほど難しくないでしょう(5月頃から8月にかけて店頭に並びます)。花つきが良く、初心者でも育てやすい品種です。よく太陽の光が当たる場所で育て、用土の中に油かす（2～3cm大）を３個ほど埋め込んでやると、次々と新葉や花芽を伸ばし、ピンク色の美しい花を咲かせてくれます。

クイーン オブ サイアム

●入手は容易な種類です。本種の浮き葉には、非常に濃い模様が入ります。この浮き葉は充分に観賞の対象となる美しさです（人により好みが分かれるかもしれませんが）。熱帯性スイレンを選ぶ際は、花の色や形だけではなく、葉の美しさにも注意を払って品種選びを行なうことをお勧めします。

ピンクパール

●右頁のピンクルビーに似た花を咲かせる熱帯性スイレンです。本種の花は、花茎が非常に長く、ピンクルビーと比べると花びらが数倍多く、より派手な印象です。普通の園芸店やホームセンターの園芸コーナーなどでは入手が難しい種類です。スイレンの栽培会社などが行なっているインターネット通販などで入手するとよいでしょう。

熱帯性スイレン

ミニ・ビオトープに適した水草

温室内の広いプールで熱帯性スイレンを育てることは、スイレン愛好家の夢でしょう（撮影場所/草津市立水生植物公園みずの森）

ハスの仲間

直径20～23cmほどの古代ハスの花。とても大きく美しい花は、見るものを圧倒します。

◎ハスの栽培に挑戦しよう！

ハスはスイレンと全体的なイメージがよく似ていますが、簡単に両者を見分けるポイントが幾つかあります。まず、ハスの葉は、水面よりかなり高い位置まで伸びて付きます。また、この葉の表面は、水を強くはじき、水滴が付くと、水は球状になって転がり落ちます。

もう一つ、ハスとスイレンの相違点を挙げると、ハスの花茎が非常に高く伸びることでしょう（温帯性のスイレンは、水面付近で花を咲かせます。ただし、熱帯性のスイレンでは、花茎が50～80cmほどになるものがあります）。大型の品種では、花の位置が水面から1m以上の高さになることも珍しくありません。

ハスは、かなり大型になる植物ですので、多くの方はその栽培に躊躇してしまうようです。しかし、ハスの品種には、それほど大きくならな

ミニ・ビオトープに適した水草

ハスの花は下から仰ぎ見ても美しい

ハスの葉は、スイレンとは異なり、水面からかなり高い位置まで立ち上がる。

い品種（チャワンバスなど）もありますし、大型になる品種であっても、環境に合わせて成長しますので、普通のポリバケツなどでも栽培することができるのです。

ハスの栽培は、基本的にスイレンの栽培方法と同じです。肥料も油かすなどを水生植物用の土（田んぼの土などでも可）の中に成長の具合を見ながら追加してやればよいでしょう。ただし、ハスの栽培では、スイレン以上に意識して、充分に太陽の光を当てて育ててください。短時間しか太陽光が当たらない環境だと、いくら油かすなどの肥料を与えても、新芽の出方や花芽が付きにくくなってしまうからです。

ハスは、温帯性スイレンや熱帯性スイレンと比べると明らかに流通量が少なく、あまり園芸店などでは見かけません。しかし、だからこそ、ハスを入手して栽培し、見事な花を咲かせれば、きっと多くの人にほめてもらえることでしょう。

抽水性植物

ナガバオモダカ

●ミニ・ビオトープには最適な抽水性の植物の一つです。小さな白い花をたくさん咲かせますので、まとめ植えすると初夏から夏にかけて、白い花が咲き乱れる様子を楽しめます。寒さには強く、根元まで氷結しない環境であれば、越冬できます。なお、本種は繁殖力が強い外来生物ですので、自然環境へ流出しないように注意してください。

◎抽水性の植物を植えよう！

ミニ・ビオトープで育てる植物というと、鮮やかで大きな花が咲くスイレンやハスばかりに目がいってしまいがちですが、派手な花を咲かせない抽水性の植物にも、魅力的な種類が数多くあります。

　抽水性の植物（水草）とは、根の部分が水中に浸った状態で育ち、草体の多くの部分が水面上に立ち上がった状態で育つ植物のことです（増水などの環境の変化で水位が急に高くなっても、すぐに枯れてしまうことはありません）。そのため、ミニ・ビオトープに使うと、全体の印象をかなり自然で魅力的な印象に高めてくれるのです。

　ただし、これらの抽水性の植物の中には、環境が良すぎると巨大化し過ぎたり、殖え過ぎてしまうものがありますので、生育状態を見て、時々間引くとよいでしょう。

ミニ・ビオトープに適した水草

ミニパピルス

●背の高い抽水性の水草（約 30cm）。カヤツリグサの仲間。頭頂部が多数に分岐して小さな花が咲きます。風で倒れやすいので、根元をレンガブロックなどで固定しておきます。

シラサギカヤツリ

●カヤツリグサの仲間。花穂の苞（芽や蕾を包み保護する小形の葉）が白くなり、きれいな花のように見えるので人気種となっています。繁殖力は強く、育てやすい植物です。

大きく柔らかい水中葉を付けているコウホネ

コウホネ

●ハート型の葉を水面上に伸ばして育つ抽水性の水草。水深が深い場所では柔らかく透明感がある幅が広い水中葉を出しますが、水位が低いところではしっかりとした堅い水上葉を伸ばしてきます。本種はあまり高い水温だと、ワサビのような根茎が腐りやすいので注意してください。夏には小さな黄色い花を咲かせます。

抽水性植物

ウォータークローバー・ムチカ

●抽水性の水草。葉が四葉なので人気があります。四葉の直径は約3cmです。根が水に浸かった状態にするとランナーを伸ばしてよく育ちます。ただし、水位は、根の部分だけが浸る程度の高さが理想的です（水深が深いと茎が間延びしてしまいます）。

デンジソウ（田字草）

●自然では絶滅が心配されている湿地に育つ抽水性植物。名前は田の形を連想させる葉の形から名付けられました。葉がすべて四葉なので、幸運を呼ぶ四つ葉のクローバーを連想させ、人気が高いです。夏期に栽培品が流通します。根元が水に浸った状態で育てると、ランナーを伸ばして繁殖します。しかし、ランナーはあちらこちらへ伸びるので、整った茂みを作るのは困難です。

ヒメホタルイ

●抽水性の水草で、派手さはないが、数ポットを寄せ植えすると、きれいな緑の茂みを作れます。ポットから外してミニ・ビオトープの底に植えるとランナーを伸ばして繁殖します。

斑入りアコルス（斑入り石菖）

●アコルスの改良品種の一つ。緑と白のツートンカラーになる葉が美しい植物です。根元部分だけが少しだけ水に浸った状態で育てるとよいでしょう。主に園芸店で入手できます。

アマゾンソード・プラント

●最もポピュラーな水草で、普通の熱帯魚ショップで入手できます。初夏から秋にかけて屋外で育てることができます。株が充実してくると、花茎を伸ばして白い花を咲かせます。

ピグミー・アコルス（姫石菖）

●アコルスを小型化させた園芸品種で、ミニ・ビオトープの水際部分などにアクセント的に使用するとよいでしょう。園芸店のほか、熱帯魚ショップでも売られていることがあります。

浮き草の仲間

サンショウモ

●サンショウの葉に似ていることから、この名（和名）が付けられた浮き草です。葉長が約1.2cmと適度に小さいので、メダカのミニ・ビオトープによく似合う種類です。オオサンショウモの水槽栽培のものと見分けが難しいのですが、葉の表面に生える産毛の形状の違いにより区別できます。育成には強い照明が必要で、水槽では蒸れて矮小化しやすいので、ガラス蓋はしない方がよいでしょう。

水面に浮かんだサンショウモの周りを群れ泳ぐアオメダカたち

◎ミニ・ビオトープの水面を飾ろう！

水面に浮かんだ状態で育つ浮き草は、ミニ・ビオトープを彩る水草としてお勧めできるグループです。ミニ・ビオトープの水面に浮き草を浮かべて育てると、水面下に複雑で細かい根（ヒゲ根）がたくさん伸びます。この根には、メダカのメスが受精卵を産み付けますし、さらに、卵からふ化したメダカの稚魚たちにとってはよい隠れ家となります。これらの浮き草の根のお陰で、メダカの稚魚たちは、他の大きな捕食者たちから姿を隠しやすくなるので、生存率が確実に上がります。

ただし、米粒大の「ウキクサ」のような種類は、短期間で大繁殖して水面を覆ってしまい、きれいに取り除くのが困難になりますので、始めからミニ・ビオトープにはひとかけらも入れないようにしてください。

ミニ・ビオトープに適した水草

ウォーターポピー（ミズヒナゲシ）

●500円硬貨より一回りほど大きな浮き葉を水面に多数浮かべる水草。株が充実してくると、直径6～7cmほどの黄色い花を次々と咲かせます。この花は3枚の花弁からなる単純な構造ですが、明るく淡い黄色がとてもきれいです。

アマゾンフロッグビット

●一枚の葉が100円硬貨大の浮き草。蛍光灯の光でもよく育ちます。時々、アリマキが葉の表面で繁殖するので、大繁殖する前に、見つけ次第取り除いてください。

オオサンショウモ

●大きな葉をもつ浮き草の仲間。比較的大きい浮き草なので、間引くのが簡単です。メダカの受精卵や稚魚たちのよい隠れ家になります。ミニ・ビオトープの蓋代わりにも利用できます。

ウキクサ

●米粒大の小さな浮き草。他の水草に付着し、いつの間にか水槽に侵入します。新しい水草の導入時は注意しましょう。

アゾラ・クリスタータ

●赤～緑色の小さな浮き草（外来生物）。いつの間にか侵入し、繁殖して水面を覆い尽くします。こまめに取り除きましょう。

浮き草の仲間

ルドウィジア・フローティングプラント

ルドウィジア・フローティングプラントの筍根

●水中、水面、水上など、様々な環境に対応できるように進化した興味深い水草です。本種は、茎が水面に到達すると、筍根（じゅこん）と呼ばれる太く浮力が強い白い根を作り、水面に浮かんで生活します。茎の先頭部分は普通のリドウィジアと同じように茎が立ち上がって水上葉を付けます。本種の成長には強い光が欠かせませんので、日当たりの良い環境で育ててください。

ミニ・ビオトープに適した水草

ホテイアオイ

●絶えず水面に浮いて育つ浮き草の仲間。株が充実してくると、白紫の美しい花を咲かせてくれます。縁側などの明るい環境に水盆に浮かべて育てると、風情のある様子を楽しむことができます。肥料は、ハイポネックスなどの液肥を規定量の半分ほどと少な目に与えます。

リシアは、人為的に水面下に沈めて育てることもできる

リシア

●リシアは、草体が水面直下に沈んだ状態で浮遊生活する浮き草の仲間です。リシアの草体は、V字状に次々に二裂しながら成長してゆき、互いに絡み合って塊を形成します。水の流れが強い水面に浮かべるとリシアの塊がバラバラになりやすいので、水流がないミニ・ビオトープに向いています。本種が水面で作る茂みは非常に複雑ですので、メダカの稚魚たちのよい隠れ家となります。

ハイドロリザ

●比較的珍しい浮き草の仲間。笹の葉のような形の浮き葉を水面に伸ばして殖えてゆきます。熱帯の植物ですので、屋外での越冬はできません。

ヒシ

●水底の泥土の中で発芽し、茎を水面まで伸ばして浮き葉を形成します。ミニ・ビオトープで育てると、水景のよいアクセントとなります。肥料は土の中に油かすを数個埋めておきます。

Mini-Biotope Column 03

開花２日目のティナ。オシベが中央へ倒れ、蜂などの昆虫がメシベ部分へ到達できなくなっている。

◎熱帯性スイレンの花の変化

熱帯性スイレンの花は、昼間咲く種類と、夜間に咲く種類があります（多くの種類は、昼間に花が咲きます）。熱帯性スイレンの一つ、ティナも昼間に花が咲きます。普通は午前中に開花し、午後には花を閉じてしまいます。翌日または翌々日も同じ花が開きますが、開花１日目と異なり、花の内部にあるオシベが内側に倒れた状態となるので、花の印象がずいぶんと異なって見えます。どちらの花の様子が美しく感じるかは、人により意見がわかれると思いますが、ぜひ、２パターンの花の姿を楽しんでください。

ちなみに、ティナのオシベの内側には透明な液体（柱頭液）が少しだけ貯まっており、なめると少し甘く、嗅ぐとわずかに甘い香りがします。この部分には小さな蜂やハエが甘い蜜の匂いに誘われてやって来るのですが、オシベがつるつる滑るためか、虫たちの中にはそこから抜け出せなくなり、柱頭液に浸って死んでしまうものもいます（空を飛べる羽を持っているのですから飛べばよいと思うのですが、オシベをよじ登る行動が上手くできないと何度もその行動を必死に繰り返してしまい、ついには力尽きてしまうようです。どうも虫たちは、よじ登ることを止め、すぐに飛び立つという行動に切り替えられないようなのです）。もし、スイレンのオシベの中から抜け出せない虫を見つけたら、小枝などを差し出して救出してあげてください。

ミニ・ビオトープで飼いたい水棲生物

メダカの改良品種の一つ、オレンジテール・メダカ

野生のメダカ

カボンバの茂みの中を泳ぐ野生のメダカ（クロメダカ）の群れ

◎クロメダカは野生のメダカ

わが国の小川や池に昔から住んでいる野生のメダカは、地味で全体にやや黒ずんだ体色なので、一般にクロメダカと呼ばれています。北海道を除く東北以下の全国に棲息し、成魚でも体長3～3.5cmと小さく、わが国にいるすべての淡水魚の中で最少の種類なのです。

メダカが生きることができる水温は、0℃近い低水温から、上は35℃ぐらいまでです。ただし、水温差がある環境へ急に移すとショックで死んだり弱ってしまいます。メダカが生きられる水質（pH）は、弱アルカリ性～弱酸性です。水質のもう一つの要素である水の硬度は、硬水～軟水と、比較的大きな範囲に適応できます。

日本のメダカの特徴の一つに、環境に対する耐性の大きさを挙げることができます。日本のメダカは、水

野生のメダカ（千葉県成田市産）

質や水温の急変を避ければ、緩やかな環境の変化にはじっと耐えて生き抜き、さらに環境次第では繁殖さえできます。例えばわずか数十リットルの屋外に置いたミニ・ビオトープの中でも、一年間全く水換えしなくても生き延び、夏には繁殖して子供を殖やし、冬になれば春まで死なずに越冬できてしまうのです（ただし、水が完全に凍結しない場合）。もちろん、メダカたちにとっては屋外のミニ・ビオトープの水中は過酷な環境ですが、メダカたちは人が考える以上に強い魚なので、たくましく生き抜けるのです。

本書では、趣味として楽しむ対象として「ビオトープ」を扱っていますが、この言葉の本来の意味は、「生物が生きられる自然環境・空間」を指す言葉（概念）です。したがって、「ビオトープ」に棲む魚としては、改良品種のメダカたちではなく、野生のメダカたち（クロメダカ）を飼うと理想的でしょう。そしてさらに自然派の「ビオトープ」作者としての理想を追求するなら、その「ビオトープ」に単なる野生のメダカ（産地不明の野生メダカ）を泳がせるのではなく、その「ビオトープ」が作られている場所（その地方）に昔から生きている野生のメダカを近くの川や池などから採ってきて、その「ビオトープ」に導入して飼うとよいでしょう。そこまですれば、この「ビオトープ」でどんなにたくさんメダカが殖えても、同じ遺伝情報を持つメダカなのですから、近くの小川や池へ放流しても、何の問題も引き起こさないのです。それにしても、もし、将来、都市化などでその場所の野生のメダカが絶滅してしまったら、その「ビオトープ」に生き残っている野生のメダカたちだけが、その場所に昔いた「野生のメダカとその遺伝情報」を後世に伝える、小さな「ノアの箱舟」となるのです。

改良品種のメダカ

アオメダカ

●本来の体の色から主に黄色の色素細胞が先天的に欠落し、体全体が青白く見える個体を固定した改良品種です。メダカの改良品種の中では最もポピュラーなものの一つですので、入手は容易であり、価格も安価なメダカです。

水面付近を群れで泳ぐアオメダカの群れ

◎改良品種のメダカ飼育をミニ・ビオトープで楽しもう！

日本産のメダカには、現在では様々な改良品種がいます。

改良品種のメダカの主な種類は、①メダカの色で分けると、クロメダカ、ヒメダカ、シロメダカ、アオメダカ、アルビノメダカなどがいます。②メダカの体長で分けると、ダルマメダカ、半ダルマメダカ、正常な体形のメダカなどがいます。③メダカのヒレの形で分けると、ヒカリメダカ（背ビレが尻ビレと同形のメダカ）と正常な形のヒレ（背ビレと尻ビレ）を持つメダカです。

日本産のメダカの改良品種は、以上の①、②、③の様々な特徴の組み合わせの魚たちです。例えば、アルビノヒカリメダカは、①（アルビノメダカ）と②（正常な体形のメダカ）と③（ヒカリメダカ）の組み合わせのメダカなのです。

目が赤いことが特徴のアルビノメダカ（写真はアルビノヒカリメダカ）

アルビノダルマメダカ（左）とアルビノ半ダルマメダカ（右）

改良品種のメダカ

楊貴妃（ようきひ）のペア（上：メス、下：オス）

楊貴妃（ようきひ）

●最もポピュラーなメダカの改良品種であるヒメダカの体色をより鮮やかな方向に改良した品種です。本種はネーミングの上手さにも助けられ、かなり人気の高いメダカとなっています。以前は高価な種類でしたが、大量に繁殖され、現在ではだいぶ入手しやすい価格になってきています。

楊貴妃（ようきひ）の群れ。華やかな体色なのでよく目立ちます。

ヒメダカ（緋メダカ）

●かなり昔（江戸時代中期以前）から知られていた魚で、メダカの改良品種の代表種です。このヒメダカは、現在のわが国で最も数多く商業繁殖が行なわれ、全国に流通しているメダカです。しかし、その多くは大型熱帯魚の餌として売られています。そのため、価格はメダカの改良品種の中で最も安く、その姿は多くの人々に広く知られています。そして、あまりにも有名な魚になってしまったために、このヒメダカがメダカの原種（野生種）だと思いこんでいる人も少なくないほどです。このような現状を追認するためか、小学校の教科書でも、メダカの写真として、野生のメダカ（クロメダカ）の写真ではなく、このヒメダカの写真を使ってもよくなっているそうです。

オレンジテール・メダカ

●野生のメダカ（クロメダカ）の体をよく観察すると、うっすらですが、尾ビレの上下や尻ビレの付け根付近にオレンジ色の発色を見ることができます（ただし、個体差はかなりあり、生息地によってはこの特徴がほとんど見られない個体群もいます）。このオレンジテール・メダカは、その特徴が顕著に現れている個体を選択交配することにより作り出された改良品種です。それほど派手な発色のメダカではありませんが、群れで水草水槽などを泳がせると、なかなかきれいなシーンを楽しめます。

スケルトン・メダカ（桜メダカ）

●体全体の体色がかなり薄くなったために、エラブタの内部の赤いエラが透き通ってうっすらと桃色に見える改良品種です。このメダカは、人に例えれば、頬の部分が赤く染まるので、とても愛らしく見える魚です。また、「スケルトン・メダカ」とは、「透明メダカ」という意味ですが、頬の薄い赤色から、「桜メダカ」という別名も付けられています。右の写真の個体は、やや体が短いですので、より正確に名付ければ、「スケルトン・ショート・メダカ」といったところでしょうか。

改良品種のメダカ

楊貴妃（ダルマ・タイプ）

●楊貴妃のダルマ・タイプのメダカです。ダルマメダカは奇形魚を固定した改良品種ですから、一般に整った体形を持つ個体はそれほど多くはいません。一匹ずつ微妙に体形が異なっているのです。写真の個体は、そんなダルマ・タイプのメダカの中では、比較的整っている体形を持つ個体と言えるでしょう。

卵をたくさんぶら下げた楊貴妃（ようきひ）のメス。ふ化した稚魚たちは、どんなメダカに育つのでしょう。

ヒカリヒメダカ（半ダルマ・タイプ）

●半ダルマ・タイプのヒカリヒメダカです。通常個体よりも体は短いものの、ダルマメダカほど短くはない個体を「半ダルマメダカ」、または「ショートタイプ・メダカ」と呼びます。もちろん、「ダルマメダカ」か「半ダルマメダカ」か、判断に迷うような個体もいます。

ヒカリシロメダカ

●半ダルマ・タイプのヒカリシロメダカです。「ダルマメダカ」と呼びたい可愛さですが、残念ながら、ちょっぴり短さが足りないようです。「ダルマメダカ」と「半ダルマメダカ」では、「ダルマメダカ」の方が高価ですので、予算が足りなければ、充分に可愛いらしい、こちらの「半ダルマメダカ」をお勧めします。

エビの仲間

ミナミヌマエビは池や沼など、淡水環境だけで繁殖できる小型のエビです。ミニ・ビオトープには最適な種類です。

◎小型の淡水エビをミニ・ビオトープで飼おう！

ミニ・ビオトープで飼う水棲生物というと、多くの方はメダカを連想されますが、小型の淡水のエビを飼っても楽しいものです。小型の淡水のエビの中で最も数多く飼育されている種類は、ヤマトヌマエビ（体長は3.5～4.5cm）ですが（主にコケ対策）、このエビは、川や沼でふ化した稚エビが成長するためには、一旦、海へ行かないと育てないので、残念ながらミニ・ビオトープ内では繁殖させることができません。

ミニ・ビオトープで飼うのに最適な小型の淡水のエビとしては、ミナミヌマエビがいます。このエビはわが国の各地に棲息する種類ですし、何よりよい点は、ミニ・ビオトープの中で自然繁殖ができるからです。

また、ミナミヌマエビにはカラーバリエーションが多く、海外からもき

ヤマトヌマエビはポピュラーな淡水のエビですが、淡水の中だけでは繁殖できない種類です。

ミナミヌマエビの緑色の極美個体

ミナミヌマエビの亜種、レッドチェリー・シュリンプ。

ミナミヌマエビの全身が黒い個体

れいな体色を持った本種が輸入されてくることがあります。

なお、このミナミヌマエビの外国産の亜種に、全身が赤いレッドチェリー・シュリンプという美種がいます。このエビもミニ・ビオトープの中で自然繁殖できますので、お勧めできます（越冬は不可）。ただし、外国産のエビなので、自然の川や池へ決して逃げ出さないようによく注意して飼育してください。

貝の仲間

普通のレッドラムズホーンをより赤くした改良品種。ミニ・ビオトープで飼うなら、こちらがお勧めです。

◎ミニ・ビオトープで様々な貝を飼おう！

屋外に設置したミニ・ビオトープでも、様々な種類の貝を飼うことができます。貝を入れておくと水中に発生するコケやメダカに与えた餌の食べ残しなどをある程度は食べてきれいにしてくれます。

このページで紹介しているイナズマカノコガイやカラーサザエイシマキガイは石垣島や奄美諸島などの暖かい地方の汽水～淡水域に棲む貝ですから、秋になって水温が15℃以下に下がってきたら、ミニ・ビオトープから回収して室内の水槽へ移動させます。イシマキガイやタニシなどはわが国に広く棲息する淡水貝なので、ミニ・ビオトープで越冬します。なお、レッドラムズホーンはインド原産の貝ですが、低温に強く、屋外でも越冬できます（逃げ出しに注意してください）。

イナズマカノコガイ

Neritina paralella

●全長：2cm ●殻に美しい模様をもつ汽水～淡水域に棲む貝の仲間。イシマキガイほど一般的ではなく、コケ取り能力も高くありませんが、淡水で問題なく飼育できます。

カラーサザエイシマキガイのカラーバリエーション

カラーサザエイシマキガイ

Clithon sp.

●全長：2cm ●イガカノコガイは本種の別名。コケをよく食べてくれる貝としては形が面白くきれいなので人気があります。淡水で飼えますが、繁殖は汽水域で行ないます。そのため、レッドラムズホーンなどのように、殖えすぎて持て余すことがありません。ただし、魅力的な貝なので、淡水中では全く殖やすことができないことは、少し残念です。

レッドラムズホーン（原種）

Indoplanorbis exustus

●全長：1.5cm ●水草に卵が付着して水槽に侵入して繁殖する小型の淡水貝。いつの間にか飼育池などに侵入し、大繁殖します。駆除には見つけ次第取り除くのが確実です。

イシマキガイ（石巻貝）

Clithon retropictus

●全長：2.5cm ●飼育水槽や池のコケ取り貝として人気があります。コケ取り能力は高いですが、効果をあげるには多めに入れる必要があり、やや目障りになりがちです。

金魚

ワキン（三尾）

●三尾（ミツオ）の更紗（サラサ）模様のワキンです。リュウキンなどと比べると体形に派手さはないですが、とても丈夫で飼いやすく、じっくりと飼い込んで大きく育てると、立派で実に美しい金魚となります。ただし、成長は早い種類なので、あまり大きくしたくない場合は、餌を少なめに与えます。

◎定番の魚、金魚を飼おう！

ミニ・ビオトープでは、各種の金魚を飼うことができます。昔からわが国で飼われている金魚なら、多様な種類の小さな個体がどこの観賞魚ショップでも安い価格で売られています。金魚には様々な品種がいますが、一般に、金魚の祖先であるフナに形が近い種類ほど丈夫で、フナの形からかけ離れた姿をしている品種ほど弱いようです。

また、金魚は、一年中加温なしで屋外のミニ・ビオトープで飼えることもうれしいポイントです。ただし、金魚は比較的大きくなる魚（体長15～20㎝）ですから、泳がせる数は少なな目を心がけてください。あまり大きな金魚を限られた水量のミニ・ビオトープに泳がせてしまうと、水質が悪化しやすく、また、夏期などは酸素不足になりやすいですから注意してください。

ミニ・ビオトープで飼いたい水棲生物

リュウキン

●金魚の改良品種の代表種と言える魚です。短く丸い体に大きく開いた派手な尾ビレが大きな特徴です。早く泳げない魚なので、ピンポンパールなどとの相性は良いでしょう。体色や模様は種類が多く、美しい個体が少なくありません。

コメット

●アメリカで作出された金魚で、多くの日本人が好む紅白の体色なので人気が高い種類です。飼いやすいポピュラー種なので、どこの観賞魚ショップでも入手できます。泳ぐのが遅い金魚（ピンポンパールなど）との混泳には適さない種類です。

クロデメキン

●もっとも有名な金魚の改良品種の一つです。眼球が丸ごと大きく飛び出ているので、人によってはグロテスクに感じられるかもしれません。この目が気にならない方にとってはとても可愛らしく感じられる魚です。

サンショクデメキン

●全身に赤、青、黒の三色が入るデメキンの仲間です。目が大きく飛び出ていて愛嬌たっぷりな上に、体色がカラフルで美しい魚です。赤や青などの色の入り方は個体ごとに異なるので、できるだけ多くの候補の中から選びましょう。

シュブンキン

●各ヒレが長く伸び、全身に青、赤、黒が不規則に入る金魚です。青い部分が広くきれいな個体が良魚とされます。この品種は原種のフナと比べると、各ヒレが長くなっただけ（フナ尾）なので、遊泳力が大きく、水中を素早く泳ぐことができます。

ピンポンパール（金魚）

まるでピンポン（卓球）の球のように見えることが、この金魚の名前の由来です。

◎ピンポンパールをミニ・ビオトープで飼おう！

ピンポンパールは金魚の一種ですが、まるでピンポン球のように見えるその愛らしい姿で大人気種となっています。東南アジアからコンスタントに大量に輸入されてくるため、本種は価格も安く（体長3.5〜4.5cmほどの小さな幼魚で一匹500〜800円ほど）、誰にでも買える魚となっています。観賞魚ショップやホームセンターの観賞魚コーナーなどでは必ずと言ってよいほど販売されており、普通は熱帯魚しか置いていない熱帯魚専門店でも、このピンポンパールだけは特別扱いで販売しているお店があるほどです。

ピンポンパールは、他の多くの金魚と同じ金魚の改良品種の一種ですから、屋外のミニ・ビオトープで通年飼育ができます。ただし、ピンポンパールは泳ぐのが遅い魚ですの

群れて泳ぐピンポンパールたち。ほとんどケンカしないので、安心して複数で飼育ができます。

で、できれば同種だけで飼い、または、同じように泳ぎが遅い種類の金魚（リュウキンなど）とだけ混泳させるようにしましょう。

また、屋外で飼育していると、どうしても猫に捕られてしまうことがよくありますので、飼育容器には網状のフタをして、何らかの重し（レンガ・ブロックなど）を必ずフタの上に置いておきましょう。

ピンポンパールの尾ビレは、小さな三尾となっている。

Mini-Biotope Column 04

アルビノ・ヒカリメダカ

◎ヒカリメダカの背中が光るわけ

メダカの改良品種として人気が高いヒカリメダカは、背中の中央部分が白っぽく光り、尻ビレとほぼ同じ形、同じ大きさの大きな背ビレが付いています。ヒカリメダカ以外の種類の改良品種や普通のメダカ（野生のメダカ）は、ヒカリメダカのような大きな背ビレを持っていませんし、背中も光っていません。

では、なぜこのようなメダカが作れたのでしょうか？実はこのヒカリメダカは、普通のメダカの発生の過程で、本来、お腹の部分になる遺伝情報が、先天的な異常で背中の部分になる正常な遺伝情報と入れ替わって生まれて来たのです（いわば、奇形魚の一種です）。つまり、ヒカリメダカの背中には、正常な形の背ビレの代わりに尻ビレが付いてしまっているのです。そのために、ヒカリメダカの背ビレは尻ビレと同じ形をしているのです。また、ヒカリメダカの背中の中央部分（背ビレの前方部分）が白っぽく光っている理由は、白い腹となるはずだった部分が背中側にも作られてしまったためなのだと説明されています。つまり、ヒカリメダカの光る背中は、本来の腹と同じ表皮となっているのです。

このようなヒカリメダカの特徴（異常な遺伝情報）は、繁殖によって簡単に遺伝します。そのためこの特徴は、様々なタイプの改良品種との交配に利用され、現在では実に様々なタイプのヒカリメダカが作り出されているのです。

ミニ・ビオトープを訪れる生物

シュロの葉の上で体を休めているシュレーゲルアオガエル

水棲昆虫

タガメの幼生

タガメは、大きなカマのような前足で獲物をしっかりと押さえ込み、口吻を差し込んで注入した消化液で溶けた体液を吸います。。

◎タガメ

水棲昆虫の愛好家たちに人気が高い肉食性の水棲昆虫（カメムシの仲間）です。体長は5～6㎝ほどです。田んぼや浅い沼などの止水域に好んで棲息し、メダカやカエル、他の水棲昆虫などの水棲小動物を捕食します。時には、自分よりずっと大きなカエルを捕食し、極めてどう猛な水棲昆虫として有名です。しかし、残念なことにこのタガメは、田んぼの農薬の使用や棲息に適した環境の減少などの影響で生息数がかなり減っており、絶滅危惧Ⅱ類（環境省レッドリスト）となっています。

タガメは空を飛びますので（特に繁殖期に積極的に移動します）、自然環境が豊かな里山などでは、稀にミニ・ビオトープに飛来して来ることがあります。もし、飛来したタガメを見つけたら、メダカを食べてしまいますので取り除いてください。

ミズカマキリは体の後端に体長と同じくらいの長さの細い２本の呼吸管があるので、ずっと水中に止まっていることができる。

◎ミズカマキリ

比較的ポピュラーな肉食性の水棲昆虫です。体長は、４～５㎝ほどです。本種もタガメと同じような環境に好んで棲息していますので、やはり数は減っています（ただし、タガメと比較すると、生息数はずっと多く、分布も広いようです）。

本種はタガメほどどう猛ではありませんが、やはりメダカやオタマジャクシなどを捕食するので、ミニ・ビオトープでは同居させることはできません（ホームセンターの観賞魚コーナーで売られていることもありますので、うっかり子供にせがまれて購入し、ミニ・ビオトープに入れないでください。メダカが食べられてしまいます！）。本種は比較的よく飛んで生息場所を移動（ある池から他の池へ）しますので、自然環境が比較的残っている場所に住んでいる方は注意してください。

水棲昆虫

水中を泳ぐゲンゴロウ。飼育する場合は、体を乾かすための足場を作ります。高水温を嫌うので、直射日光には当てないでください。

◎ゲンゴロウ

ゲンゴロウは、愛好家に人気が高い肉食性の水棲昆虫です。体長は、3.5～4㎝ほどです。丸みを帯びた扁平な体はどこか愛らしく、体も見る角度によって光沢がある緑色から赤褐色に見えます。肉食性ですが、タガメのように活きたメダカを捕食することは稀で、死んだり弱っている小型の水棲生物を見つけて食べます。そのため、刺身や煮干しを与えるとよく食べてくれます。

本種も自然では数が少なくなっており、準絶滅危惧種（環境省レッドリスト）としてリストアップされています。観賞魚ショップでも販売されていますが、活発に飛んで別の場所へ移動するので、ミニ・ビオトープにやって来る可能性もあります。飼育する場合は、メダカなどとは一緒にせず、逃げ出せないように細かい網で必ずフタをしておきます。

ミニ・ビオトープを訪れる生物

小型種のゲンゴロウ（タイ産、観賞魚ショップで販売されているもの）

コオイムシ

卵を背負ったコオイムシ（タイ産、観賞魚店で販売されているもの）

◎コオイムシ

本種は、雌が30個ほどの卵を雄の背中に産み付ける変わった繁殖生態を持つことで有名な水棲昆虫です。体長は、約2cmほどです。メダカの幼魚のような小さな魚やモノアラガイなどを捕まえ、獲物に消化液を注入し、溶けた肉液を吸って食べます。活発に飛ぶ種類なので、ミニ・ビオトープや夜間に灯火などに飛来する可能性があります。

本種も自然では数が減っており、準絶滅危惧種（環境省レッドリスト）にリストアップされています。コオイムシは、観賞魚ショップでも飼育用に販売されています（タイから輸入されたタイ産コオイムシも売られていることがあります）。飼育水槽では、陸地部分（水面から突き出た流木など）を必ず作り（時々、体を乾かす習性があります）、細かい網で必ずフタをしておきましょう。

トンボとヤゴ

トンボの幼生であるヤゴは、水中に棲むどう猛なハンターです。写真は、クロスジギンヤンマのヤゴ（体長4.5cm）

◎ミニ・ビオトープでヤゴを育てよう！

空を元気よく飛び回っているトンボは、その長い幼生時代を水中でヤゴとして暮らします。そのため、自然な感じに各種の植物が育っているミニ・ビオトープでは、各種のトンボたちに産卵や幼生の生育環境を提供できるのです。

ただし、多くの種類のヤゴ、特にギンヤンマなどの大型種のトンボのヤゴたちは水中ではかなりどう猛なハンターとなりますので、メダカたちを同居させていると格好の獲物となり、瞬く間に一匹ずつ捕まってムシャムシャと大きなヤゴに食べられてしまいます。大型種のトンボのヤゴはなかなかの大食漢ですから、メダカが数十匹も泳いでいるミニ・ビオトープでも、わずか1～2週間ほどでメダカを全滅させてしまうことがあります。したがって、ヤゴにメダカたちを食べられたくなければ、ミニ・ビオトープへ水草などを導入する際は、大きなヤゴが紛れ込んでいないか、よく注意してください。ヤゴの色は泥の色と同じような保護色ですから、気づかずにミニ・ビオトープに入れてしまうことが少なからずあるのです。

逆に、もし、ヤゴを育てることを目的にするのであれば、そのミニ・ビオトープには、定期的にヤゴの餌を入れてあげなければなりません。大型種のヤゴの大きな個体には成魚のメダカでよいですが、小さな種類のヤゴには小さなメダカや小さなカエルのオタマジャクシなどの活き餌を与える必要があります。ちなみに、各種のヤゴは、ビッターズなどのオークションで、毎年春頃、採集物が出品されますので、興味があれば、チェックしてみてください。

オオアオイトトンボ

マユタテアカネ

その他の昆虫類

熱帯性スイレンには、甘い蜜の香りに誘われ、様々な種類のハチがやって来る。

◎大型のハチにご用心！

ミニ・ビオトープには、水を飲みに大型のハチの仲間がやって来ることがあります。中でも日本最大のハチであるオオスズメバチは刺されると危険ですから注意してください。一般的にハチの仲間は、黒い服を着ていると巣を襲うクマとでも思うのか、攻撃性が高まる（刺されやすくなる）ことが知られています。また、スズメバチは、外敵に攻撃されると、仲間に知らせるために特殊な警報フェロモン（アルコールの一種）を空気中に放出することが知られています。この物質を察知すると、スズメバチたちは最大限に興奮状態となり、人に集団で襲いかかって毒針で刺すのです。

困ったことに、一部の整髪料がこの警報フェロモンに似ており、ハチが誤認して興奮し、刺されてしまうことがあります。そのため、スズメ

ミニ・ビオトープを訪れる生物

ツバメシジミ。様々な蝶も、ミニ・ビオトープを彩る欠かせないメンバーです。

バチなどのハチに遭遇しやすい夏から秋にかけての季節には、ミニ・ビオトープ周辺で作業を行なう場合は、できるだけ白い服を着て整髪料は一切つけないようにしましょう。

人によってはハチ毒に対して免疫機構が過剰反応する体質の方がおり、ハチに間隔をあけて2回刺されると、2回目に（刺されてから数分後～30分後）全身が深刻なショック状態に陥り（アナフィラキシー・ショック）、呼吸困難になったり、最悪の場合はショック死することがあります。万が一、ハチに刺されて急に気分が悪くなったら、大至急、医師の治療を受けてください。

花の蜜に誘われてやって来たクマバチ。ミニ・ビオトープには、花の蜜に誘われる他に、単に水を飲みに来るスズメバチなどの大型のハチもいます。刺激しなければまず安全なので、もし飛んできたら、急な動きを見せないようにしましょう。

交尾後、オスを捕食して食事中のメスのカマキリ。メスのカマキリは、残酷なようですが、交尾が終わるとオスを捕らえて食べてしまいます。様々な昆虫がやって来るミニ・ビオトープの周辺では、このようなシーンを目にすることも多いのです。

カエル

木の枝の上で休むシュレーゲルアオガエル

◎アマガエル

アマガエルの仲間は、周辺にある程度の自然が残っている環境なら、人家周辺でも比較的普通に見かけるカエルです。この仲間は、ダルマガエルの仲間とは異なり、水辺やその付近の地上よりも主に木の上などで活動する樹上性が強いですが、ミニ・ビオトープにもやって来ます。

アマガエルたちが好んで体を休めるのは、水面に浮かんだスイレンの葉の上などではなく、水面上に伸びた抽水性植物の茎や葉の上などです。そのため、アマガエルの場合は、「ミニ・ビオトープの水の匂いに誘われてやって来た」と言うよりは、「たまたま通りがかったら、居心地が良さそうな植物が生えていたので立ち寄った」といった感じなのかもしれません。ぜひ、アマガエルたちが立ち寄りたくなるようなミニ・ビオトープを作りましょう。

シュレーゲルアオガエルは、ニホンアマガエルに近い種類のカエルです。

Mini-Biotope Column 05

瞳の部分が赤いアルビノ・メダカ

◎アルビノ・メダカは弱い魚？

アルビノとは、生まれつき体の表皮に色を生じさせる色素細胞が著しく欠損している状態や、その特徴を持つ個体を言います。つまり、生まれつきの異常個体（病変個体）の一種です。アルビノ個体は、体表に色を付ける色素細胞がないため、体は透明感のある白で、さらに血液の赤い色が透明な体で透き通って見えるため、全体的にほんのりとピンク色がかって見えます。また、アルビノ個体は、目でも色素細胞が欠損しています。そのため、瞳の中を流れる赤い血液が透き通って見えるので、瞳が赤く見えます（赤色の濃さは、見る角度に左右されます）。このことは、アルビノ個体の大きな特徴となっています。

メダカなどのアルビノ個体は、生まれつきの「異常個体」で、この病的特徴は遺伝させることができます。アルビノ・メダカは観賞価値が高いため、今では品種として固定され、多くの派生品種が作られています。

「異常個体」であるアルビノ個体は、正常な個体と比べると体力的に弱いことが一般的です。しかし、アルビノ・メダカは、何代も人工的な環境で繁殖されてきた個体ですので、「アルビノ」という外見的な特徴を持っていることを除けば、普通のメダカと比べて著しく体力的に弱い（飼いにくい）ということはないようです。

ミニ・ビオトープの作製と管理

スイレン鉢に作られたミニ・ビオトープ

水生植物のセッティング

平らな植木鉢に植え替えて育てている温帯性スイレン

◎スイレンの植え換え

園芸店などで購入してきたスイレンの苗は、小さくて貧弱なビニールポットなどに植えられていたり（姫スイレンなど）、プラスティック製や素焼きの植木鉢などに植え付けられています（温帯性スイレンなど）。価格がやや高いものが多い熱帯性スイレンでは、水がこぼれないように二重になったプラスティック製の植木鉢（左頁上の写真）に植えられ、売られていることが多いようです。

ミニ・ビオトープなどへのスイレンの苗のセッティング方法は二通りのやり方があります。

①簡易的なセッティング方法
②理想的なセッティング方法

①の方法は、手間がかかる作業はできるだけしたくない方のための方法です。つまり、スイレンを購入してきたら、あらかじめ用意して水を張ってある栽培容器に購入時の状態

購入時の状態のまま植え替えをせずに育てている熱帯性スイレン。大きな花芽が立ち上がってきている。

のままの苗を沈めるのです。

この簡易的な方法でも、元々比較的大きな植木鉢に植えられて販売されているスイレン（温帯性スイレンや熱帯性スイレンなど）では、意外とよく育ってしまいます。ただし、販売時に小さくて貧弱なビニールポットに植えられている姫スイレンなどは育ちが悪くなるようです。

②の理想的なセッティング方法は、次のように行ないます。まず、水を張る容器（スイレン鉢など）に入る大きさの素焼きの鉢などをあらかじめ用意しておきます。この素焼きの鉢は、高さがない平たい形の鉢が

植物の緩効性の肥料としてよく使われている油かすはスイレンなどにも効果が高い。

水生植物のセッティング

水深を稼げてよいようです。購入してきた苗をビニールポットなどから抜き取り、根に付いている泥を少し落とします。この泥は完全に落とす必要はありません。次に、新たに植え付ける鉢に鉢底ネットを敷き、それから水生植物用の土を先に少し入れます。そして、手で苗を持ち、苗が鉢の中央にくるように注意しながら土を入れてゆきます。土を入れる途中で、緩行性肥料の油かすを数個、混入させておきます。

土を入れ終わったら、手のひらで土を上から軽く押して安定させます。このとき、苗に浮き葉がたくさん付いている場合は、葉の浮力で株が浮かんで抜けてしまう場合があります。そのような場合は、根茎の上の部分に適度な大きさの小石を重しとして置いておきます。

新しい鉢への植え換えが終わったら、水を張った栽培容器の中へ鉢をちょっと斜めにしながら、そっと沈めてゆきます。

なお、水生植物用の土は、園芸店やホームセンターの園芸コーナーなどで販売されていますが、入手できなかった場合は、田んぼの土や荒木田土などで代用してもかまいません。ただし、田んぼの土を使う場合は、農薬が残留していない土をつかってください。もし、農薬が高い濃度で残留していると、メダカなど

①水生植物用の土、スイレンの苗、鉢底ネット、素焼きの鉢などを用意します。

②鉢底に鉢底ネットを敷き、用土を少し入れ、スイレンの苗を中央に植え付けてゆきます。苗が安定したら、軽く上から土を押して安定させます。

③スイレンの苗の植え換えが完了したら、やや斜めにしながらそっと水に沈めます。

ミニ・ビオトープの作製と管理

姫スイレン、ウォーターポピーなどの植え換え

素焼きの鉢（４〜６号ぐらい）

各種の水生植物を組み合わせれば、魅力的なミニ・ビオトープが完成します。

抽水性植物は、素焼きの鉢などに寄せ植えしましょう。

が死んでしまう場合がありますので、注意してください。

スイレンの植え換えの手順は以上ですが、抽水性の水草の場合も、同じ方法で行ないます。ミニ・ビオトープを作る場合は、大きな花を咲かせるスイレンだけではなく、抽水性の水草を適度に組み合わせることで、より魅力的な水景が作れます。

様々な水生植物の組み合わせによる素敵なミニ・ビオトープの作製は、かなり作製者のセンスがあらわになる部分です。植物の選択と組み合わせに、その人の美的センスがはっきりと出てしまうからです。

ホームセンターのコメリで売られていた水生植物用の土。それほど高くありません。

水生植物のセッティング

レンガ・ブロックで高さ調節をした姫スイレンの株

◎水生植物の位置の調整

姫スイレンの場合は、株の根元（新芽が出る箇所）が水深が3～5cmになるようにレンガブロックなどを使って位置（高さ）を調節します。姫スイレン以外の温帯性スイレンの場合は、水深が10～20cmぐらいになるように位置を調節します。熱帯性スイレンの場合は、水深が10～30cmぐらいになるように位置を調節します。ちなみに、温帯性スイレンや熱帯性スイレンの場合、栽培場所がプールや池でかなり水深があるなら、株の位置の水深を30～50cm以上にしてもかまいません。スイレンの仲間は、浮き葉につながっている茎の長さは、水位の上昇に合わせてかなり伸ばせる性質があるからです。ただし、あまり極端に水深を深くしてしまうと、茎の付け根付近に光があまり届かなくなり、新芽が出にくくなる可能性が高くなります。

ミニ・ビオトープの作製と管理

姫スイレンは水面より 3〜5cm 下に鉢の部分がくるように沈めます。
温帯性スイレンは、水面より10〜20cm下に沈めます。

抽水性植物の寄せ植えは水面すれすれから 2cm ぐらいの深さになるようにレンガなどの上に載せます。

各種のレンガ・ブロック

水中に置くスイレンの水深調整に便利なレンガ・ブロックは、ホームセンターの資材コーナーで探すと、実にさまざまな種類の製品が売られています。レンガ・ブロックの色や質感がすべて異なることはもちろん、サイズ（縦横の寸法や厚さなど）もかなり違うものが色々と売られていますので、一度、のぞいてみることをお勧めします。

土のセッティング

◎容器へ土をセットする

　この頁では、ミニ・ビオトープの容器として使うタフブネやひょうたん池などの底に土（水生植物用の土など）を敷き、水を注ぐ時の手順や注意点を説明してゆきます。まず、容器を設置場所（平らでぐらつかない場所がベストです）に置きます。なお、ミニ・ビオトープの容器は、庭の地面に埋めてもかまいませんが、その場合は排水がしにくくなることに注意してください（地面に埋めた場合でも、「お風呂ポンプ」があると、楽に排水ができます）。容器を置いたら、土を容器の底に均一な厚さになるように敷き詰めます。この時、底の部分に油かすを適量、混ぜ込んでおくとよいでしょう。この油かすは、植物（抽水性の水草など）を植える予定の場所に、特に重点的に混ぜ込んでおきましょう。

　底に敷く土の厚さは、3〜6cmにします。土が厚く敷いてあった方が植物を植えやすいのですが、薄くても成長して植物が根を張り巡らせば、安定するようになります。また、底に敷く土は、あまり厚く敷き過ぎると、最下層の部分で有機物の腐敗が生じて、メタンガスなどが発生しやすくなります。ただし、ミニ・パピルスのように極端に草丈が高くなり、風で倒れやすい植物を植える予定の場合は、その部分を特に厚くしてもよいでしょう。ただし、もし、それでも風で倒れてしまうような場合は、水中の根元付近をレンガ・ブロックなどで補強し、倒れないようにします。

　「水生植物用の土」として売られている土は、粒子が非常に細かい粘土質のものが主流で、部分的に乾いて塊になってしまっている場合があります。その場合は、ピンセットなどで突き刺して小さい塊に崩してから敷いてください。また、この土は、砂利と違い底にざっと敷いてならし

15分ほどの注水で、約20ℓある容器の水が透明になりました。

ミニ・ビオトープの作製と管理

水の透明度が高いと水中を観察しやすいので、楽しさが大きくなります。写真は、熱帯性スイレン、ティナ。

ただけでは平らにできませんから、極端に薄く敷かれている部分がないかよくチェックし、できるだけ容器の底に均一の厚さになるように敷き詰めるようにしてください。

ミニ・ビオトープの容器に土を敷き終わったら、各種の植物を植え、水を注水します。このとき、ジョウロ方式やシャワー方式で放水できる散水器具を使うと、土が掘り返されずにすみます。ただし、粒子が非常に細かい「水生植物用の土」は、注水するとたちまち濁ってしまいます。そのため、水がきれいに澄むまで、しばらくシャワー方式での注水を続けます。

もし、水道料金を節約したいのなら、濁った水を一旦排水し、土の上に平らな皿を置いて再び静かに注水します。なお、このミニ・ビオトープにメダカなどの魚を放すのは、水質が安定する、約1〜2週間後にしてください。

メンテナンス

容量の大きなスイレン鉢では、小さなスイレン鉢よりも

◎夏場の水温管理

　自然の川や池で生きるメダカやスイレンたちにとっては、冬が一年で最も厳しい季節かもしれませんが、人工的な環境であるミニ・ビオトープで暮らすメダカやスイレンたちにとっては、もしかしたら、夏が一年で最も厳しい季節かもしれません。なぜなら、ミニ・ビオトープの水量は、自然の川や池などに比べれば圧倒的に少なく、水温が高くなりやすいからです。

　特に直径が35～45cmの小さなスイレン鉢でメダカを飼育している方は、酸欠に対する注意が必要です。夏期に水温が高くなると、水中に溶け込むことができる酸素の最大量がとても少なくなるので、酸素不足（酸欠）になりやすいのです。そのため、このような小さめの容器でメダカ飼育を行なっている方は、酸欠の兆候をメダカたちが見せないか、よ

熱帯性スイレン（ティナ）の浮き葉の間をなかよく群れて泳ぐシロメダカたち

エアレーション

く観察してあげてください。また、魚の数が多過ぎると酸欠になりやすいですから、繁殖して数が増えたら、別の容器へ移動させてください。なお、酸欠になりかけているメダカは水面で口をパクパクさせますから、すぐにそれとわかります。

メダカたちの様子から、酸欠になっているようなら、エアポンプを使って軽くエアレーションをしてあげましょう。軽くエアレーションを行なうだけでも、酸欠状態はすぐに解消できます。

なお、メダカの場合、夏期に33〜37℃ぐらいになっても、酸欠にさえなっていなければ、昼間の間だけなら耐えられることも多いようです（ただし、産卵は止まります）。でも、あまり高い水温になり過ぎるようなら、設置場所を半日陰などに移動させたり、ヨシズなどで日陰を作ってあげるたりして調整してください。

メンテナンス

アオミドロが大発生しているスイレン鉢のミニ・ビオトープ。アオミドロが光を遮り、スイレンの新芽が出にくくなっている。

◎コケ（アオミドロ）の発生

スイレン鉢のような比較的小さな水量の容器に作られたミニ・ビオトープでは、どうしても水質が富栄養状態となり、各種のコケからなるアオミドロが大繁殖しやすくなります。小さなスイレン鉢の中には、コケの成長に必要な各種の栄養分が豊富に存在し、同時に光合成に必要な太陽の光も充分にありますので、アオミドロの成長は速く、大繁殖となるのです。

ろ過装置が付いていないミニ・ビオトープでは、アオミドロの対策は限られています。例えば、中で飼っているメダカに与える餌を少な目にする、部分的な水換えを行なうなどですが、その効果はどうしても限定的です。そのため、アオミドロは、多くなってきたら、時々、魚網や大きなピンセットで絡め取り、除去するしかないでしょう。

落ちた笹の葉が水面にたくさん蓄積しているキング・タライのミニ・ビオトープ

◎枯れ葉の蓄積

ミニ・ビオトープがマンションの高層階のベランダに設置してある場合は問題ありませんが、庭の一角などに設置してある場合は、庭木の落ち葉が少なからず、そのミニ・ビオトープの管理のしやすさを左右します。例えば、絶えず落ち葉が発生する竹林などの側にミニ・ビオトープを設置すると、かなりの量の落ち葉が水底や水面（浮き草がある場合）に蓄積し、せっかくの美しいミニ・ビオトープが台無しになってしまいます。

なお、桜のように小さな花びらがミニ・ビオトープの水面に浮かぶ様子は風情があってよいものです。しかし、椿のように花の大きな塊が丸ごと落ちてくる場合は、やはり見苦しいですし、それが腐ると水質に与える影響も大きいので、見つけたらすぐに取り除いてください。

メンテナンス

冬枯れしている小さなスイレン鉢のミニ・ビオトープ。左手前の浮き草だけが、枯れずに生き残っている。

◎冬場の管理

冬になると、夏の間にとても元気よく茂っていた水生植物たちは、そのほとんどが葉を枯らし、地下茎の部分だけが生き残り、寒さが厳しい季節が通り過ぎるのを待っています。また、ミニ・ビオトープに泳いでいたメダカたちは、沈んだ枯れ葉の下などにもぐり込み、水の底でほとんど動かずに寒い季節を耐え抜きます。メダカたちの体は、水温が0℃近くになると体内の生命活動が非常に不活発となり、ほとんどエネルギーを消費せずに生きている状態となっているのです。そのため、晩秋から初春までは、屋外に設置してあるミニ・ビオトープにいるメダカたちには、特に餌を与える必要がないのです。

また、冬の間は、メダカたちも越冬中で活動が不活発になっていますので、例え冬の暖かい日に冬枯れし

ミニ・ビオトープの作製と管理

右のスイレン鉢の夏の様子（セット直後に撮影）

て見栄えが悪くなっているミニ・ビオトープの掃除を思い立ったとしても、基本的にミニ・ビオトープの水中部分はいじらずに、外側部分の掃除に止めておいた方がよいでしょう。いくらメダカたちが低温に強い魚であっても、夜間などには水温が0℃近くにもなる冬を乗り切るのは簡単ではなく、水中部分をかき回すことで、メダカに悪影響を与えて死んでしまうおそれがあるからです。

なお、屋外のミニ・ビオトープで飼っているメダカがダルマメダカなどの種類の場合は、体力的に弱いために厳しい冬を乗り越えられない可能性も考えられますので、室内に設置した飼育水槽（水温は10～15℃ほどに設定）へ移動させておくとよいでしょう。

ちなみに、屋外に設置してあり、水生植物が豊富に植えてある比較的大きなミニ・ビオトープの場合は、前年の夏から秋にかけてトンボが産卵し、ヤゴが越冬している可能性がありますので注意してください。特にギンヤンマなどの大型になるトンボのヤゴの場合は、成魚のメダカもご馳走になってしまいますから、充分な注意が必要です。

一般にトンボの仲間は、夏に卵からふ化してヤゴの状態で越冬し、春になって水温が高くなってくると、メダカなどを活発に捕食するようになります。もし、春になってもミニ・ビオトープのメダカたちの数が明らかに減っているようであれば、このヤゴの存在を疑ってみてください。逃げ場のないミニ・ビオトープの水中では、大きなヤゴ（メダカの天敵です）が棲み着いていると、メダカは毎日のように食べられてしまい、その数が確実に減ってゆき、最後には一匹もいなくなってしまうことすらあるのです。

もし、春先にメダカの数が減り、ヤゴによる食害の可能性が大きそうであれば、大きな魚網で水底を何度も掬ってみて、枯れ葉などにヤゴ（枯れ葉によく似た茶褐色～薄茶色の体色をしています）が紛れていないかチェックしてみてください。

メンテナンス

厳しい冬を耐え抜き、新芽を出してきた温帯性スイレン（耐寒性スイレン）

◎春の芽吹き

春になって水温が上昇してくると、冬の間はすべてが死んでいたように見えたミニ・ビオトープでも、所々で植えられているスイレンの新芽が芽吹いてきます。また、0～10℃と水温が極端に低い間は、水底に沈んでほとんど動かずにじっとしていたメダカたちも、水温の上昇と共に、時々元気に泳ぐ姿を見せてくれるようになります。

庭に置かれているこのミニ・ビオトープの水底は、夏から冬の間に降り注いで水底に沈んだ多数の枯れ葉が積もっています。それはまるで、自然の池にある水底のような水景となっているのです。これはこれで自然な印象で悪くないのですが、鉢の中が去年の間に伸びた根で一杯になっている株も多いので、水から一度、取り出して植え換えを行ないましょう。この時、水底に溜まった枯

庭にあるキングタライのミニ・ビオトープで厳しい冬を過ごし、春の日差しを浴びながら、シロメダカたちが泳いでいます。

れ葉も、目の粗い魚網などを使ってきれいに取り除きます。

鉢の下などから長く伸びてしまった根は思いきって切り捨て、鉢の中で伸びて絡まった古い根はある程度間引いてから、新しい鉢へ植え換えます。この時、緩行性（緩やかに効く）肥料の油かすを鉢の下の方の土に適度に（長さ2cm大の油かすを5～7粒）混ぜ込んでおきます。

この時期のミニ・ビオトープの水は、夏ほどではないにしろ、電動フィルターを付けていなければ、かなり濁っていると思います。ですから、スイレンの新芽は、光の刺激を少ししか受けられないため、あまり成長がよくありません。そのため、春になったらミニ・ビオトープの水換えを行ない、水がほぼ透明になるようにしましょう。水が濁ったままでは、今後の掃除などの作業も行ないにくく、眺めても水中がよく見えなければ、ミニ・ビオトープを維持する楽しさが半減してしまいます。

なお、メダカなどが暮らしているミニ・ビオトープの場合、一度に全水量を交換すると、メダカが水温差ショックや水質差ショックで弱ってしまうことが多いですから、一度に行なう水換えの量は、全水量の1/3～1/2程度にしてください。1回の水換えでは水の透明度はそれほど高くならないでしょうから、30分ほど時間を空け、合計3～5回、水換えを行なえば、ある程度の透明度は確保できるでしょう。

もし、カルキ（塩素）が入っていない井戸水などを水温調節して使うことができる場合は、ミニ・ビオトープの水温と同じに設定した水を連続注水してあふれさせれば、簡単に水を透明にできます。ただし、メダカたちがいる場合は、水質差ショックを考慮して、連続注水は10分ほどで止め、30分ほど時間をあけてから再開してください。

Mini-Biotope Column 06

アルビノ・半ダルマメダカ。改良品種のメダカも、決して自然の川や池に放流しないようにしましょう。

◎メダカの放流はやめよう！

メダカの成熟したメスは、毎日、約10粒ほど卵を産卵します。したがって1年では、365日×10粒＝3650粒の卵を産みます。仮にこの1/3しか育たなくても、1ペアのメダカから軽く1000匹のメダカに殖えることになります。

もちろん、自然の川や池では、卵や稚魚は他のメダカや他種の魚などに成魚になるまでの間にその大半が食べられてしまうため、最終的には数匹程度しか成魚のメダカにはなれません。そのため、自然の川や池でメダカが殖えすぎてしまうことはないのです。

しかし、飼育下のメダカの卵や稚魚は、飼育者が様々な手間や時間をかければ、それこそ1ペアのメダカから1年で1000匹のメダカに殖やすことも充分に可能でしょう。そのため、メダカの繁殖に無計画に取り組むと、どうしても殖やしすぎてしまい、その結果、多くのメダカたちを持て余してしまうことになりがちです。

メダカの数が多くなり過ぎると、実に多くの方が、「自然保護に役立つ良い行ない」と考えて自然の川や池への放流を計画される場合が多いようです。しかし、各地の川に棲んでいるメダカはそれぞれ固有の遺伝的特徴を持っていますので、むやみな放流は、その地域に棲むメダカたちの「遺伝的特徴を汚染する行為」となってしまいます。そのため、殖やしたメダカは、決して自然の川や池へ放流しないでください。

ミニ・ビオトープの飼育用品

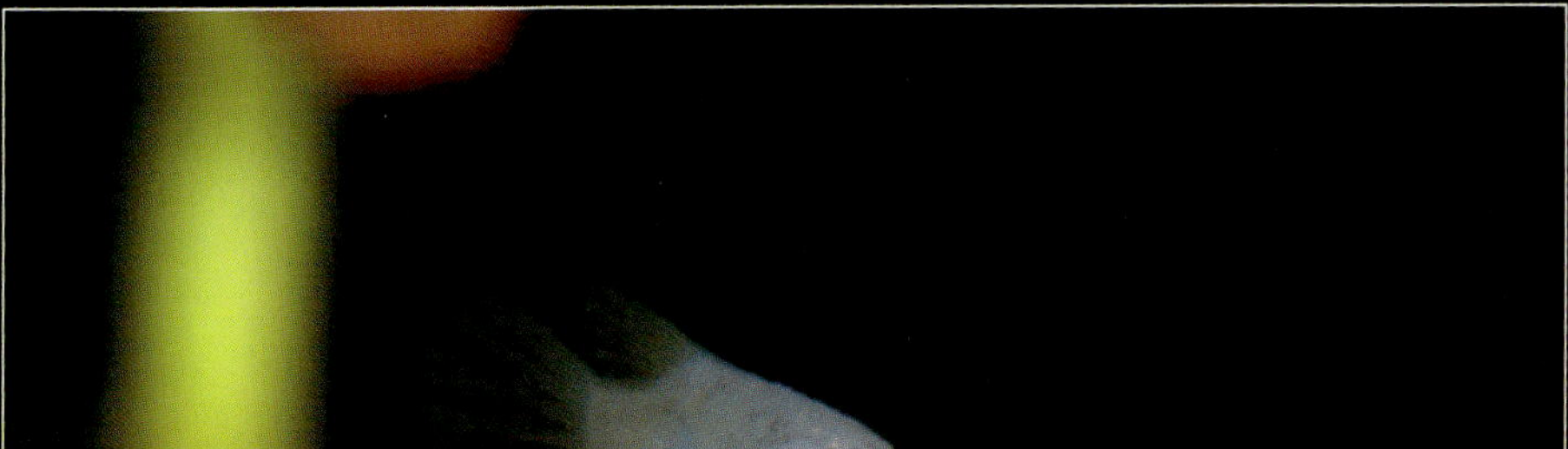

クリっとした目が愛らしいスケルトン・メダカ（桜メダカ）

スイレン鉢

キング・タライ 角型

ホームセンターのコメリで売られていた合成樹脂製の巨大な四角いタライ（約85×65cm）。かなり頑丈な作りなので水を満水状態にしたままでも問題なく、かなり大きくなる熱帯性スイレンなど育成容器として活用できます。一回り小さなタイプ（約75×55cm）も売られています。なお、キング・タライには、底部に排水栓が付いている製品と付いていない製品があります。排水栓付きは、排水が楽なのでお勧めです。

キング・タライ 丸型

ホームセンターのコメリで売られていた合成樹脂製の巨大なタライ（直径75cm）。キング・タライ 角型と比べると総水量は少なくなりますが、丸い形がスイレンにはよく似合います。底部に排水栓が付いている製品がお勧めです。

瓢箪池 中サイズ

ホームセンターのジョイフルホンダで売られていたポリエチレン製の瓢箪池（ひょうたんいけ）。最大長が72cm。本来は庭に埋めて使用するものですが、マンションのベランダなどにそのまま置いて水を入れれば、簡易小型池として使用できます。サイズは、最大長が約60cmほどの小さなものから1.5mもある巨大なものまで多数のサイズが販売されています。この瓢箪池には、水深が浅い部分もあるので、このところには小さな姫スイレンや抽水性の水草のウォータークローバー ムチカなどを置くとよいでしょう。

大型タライ

普通に売られている合成樹脂製の大きなタライ（直径60cm）です。温帯性スイレンや熱帯性スイレンでは浅すぎますが、姫スイレンや抽水性の水草の栽培容器として利用できます。

バケツ

スイレンなどの水生水草は、水さえ張れれば、バケツでも育てることができる。ただし、水面が狭いので、姫スイレンなど小さな種類が適しています。

◎ミニ・ビオトープの主な容器

ミニ・ビオトープで行なうメダカの飼育やスイレンなどの水生植物の栽培では、主にスイレン鉢が使用されることが多いようです。このスイレン鉢には、直径が40cmほどの小振りなものから、直径が90cm以上もある巨大なものまであります。ホームセンターなどに売られているスイレン鉢は安価な中国製やベトナム製などが多いですが、直径が40～60cmとサイズが限られています。

一方、各地の有名な焼き物の産地（信楽焼など）で作られているスイレン鉢は、価格がかなり高い（1～2万円以上）ですが、デザイン性に優れた製品が数多く作られています（和のテイストの製品が中心です）。これらの製品はほとんど流通していないのが難点ですが、インターネット通販なら、複数の候補の中から選ぶことができます。

ミニ・ビオトープの飼育用品 01

スイレン鉢 ミカゲ

ホームセンターのコメリで販売されている中国製のスイレン鉢。鉢の直径は、約30cmから60cmのもの（写真右側）まで4種類ほどあります。中国から大量買い付けを行ない輸入している製品なのでだいぶ安価ですが、使っていたら部分的に少しヒビが入ってきた鉢もありました。日本製の同大のスイレン鉢と比べると、価格は1/2〜1/3以下だと思いますが、品質が安定していないのか、「ハズレ」の鉢に当たることもあるようです。

スイレン鉢 葉の模様

ホームセンターのケーヨーD2で見つけたスイレン鉢。鉢の直径は約45cmほどです。葉の模様があっさりしているので、とても上品な印象です。

スイレン鉢 魚の絵入り

ホームセンターのケーヨーD2で見つけたスイレン鉢。鉢の直径は、約39cmほど。水深が浅いので、小さな浮き葉を出す姫スイレンなどに向いています。

FRP製のスイレン鉢

軽く、耐候性に優れた丈夫なスイレン鉢です。価格は普通の陶器製（中国製）のものよりも約3倍と高いのですが、軽いので扱いやすく、見た目も悪くない製品です。

ベビーバス

右の写真で使っているミニ・ビオトープの容器は、赤ちゃんの成長後に不要となり、その後、庭の茂みの中に何年も放置されていた古くなったベビーバス（赤ちゃん専用の小さな湯舟）です。それをきれいに洗ってミニ・ビオトープに変身させたものなのです。ベビーバスは、その大きさが中型のスイレン鉢の水量とほぼ同じなので、少なめのメダカと小さなスイレンなどとの組み合わせなら、楽しいミニ・ビオトープとして充分に楽しめる内容を盛り込めるのです。

タフブネ

タフブネに作られたミニ・ビオトープ。ナガバオモダカが多数植えられ、白く可憐な花が多数咲き乱れています。

◎その他のミニ・ビオトープの容器

スイレン鉢以外のミニ・ビオトープ用の容器としては、基本的に水を貯められる機能さえあれば様々な種類のものが使えます。具体例を挙げると、ガラス水槽やアクリル水槽、タフブネ、発砲スチロール箱、ベビーバス、浴槽、火鉢、キングタライなどがあります。

もし、使わなくなった古い水槽があり、多少水漏れする場合は、シリコン系の接着剤で漏水箇所を充填すれば、水漏れを簡単に修理することができます。屋内で漏水修理を行なった水槽を使うのは心配なものですが、屋外に設置してミニ・ビオトープ用として使うのなら、それほど心配せずにすむでしょう。

タフブネは、様々なサイズの製品がホームセンターなどで販売されていますが（32頁参照）、主にセメントなどをこねる目的で使用される製品

非常に頑丈なタフブネ。比較的浅いので、抽水性植物の栽培に適しています。

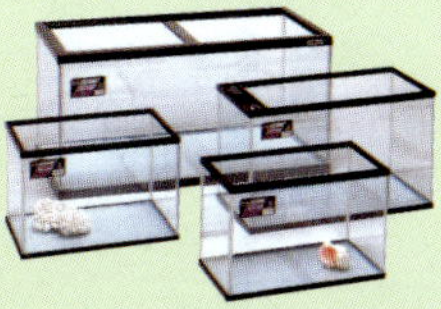

ガラス水槽各種

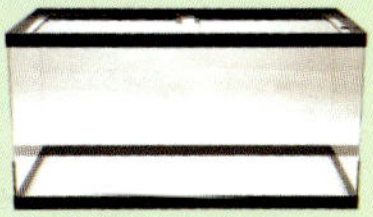

アクリル製水槽

水槽はアクリル水槽より傷つきにくいガラス水槽をお勧めです。ただし、大型水槽（90〜120cm以上）になると、アクリル水槽の方が安価です。

ですので、大きなものでも、深さが浅いのが特徴です（深さは最大で20cm程度）。そのため、スイレンの栽培にはやや不向きですので、ナガバオモダカなどの抽水性の水草を植え、メダカなどを飼うミニ・ビオトープにするとよいでしょう。

　発泡スチロールの箱はやや見栄えが悪いですが、大きな箱では水深も30〜35cm程ありますので、簡易水槽として使えます。また、姫スイレンや温帯性スイレンなども株を浅い鉢に植え替えて水に沈めれば、ちょっと狭いですが、栽培を楽しむことができます。なお、発泡スチロールの箱はホームセンターなどで販売されているほか、観賞魚ショップなどで安く売ってもらうとよいでしょう。

メダカの稚魚が育てられている発泡スチロール箱

メダカの稚魚が育つ発泡スチロール箱。鉢植えの抽水性植物が入っています。

魚網ほか

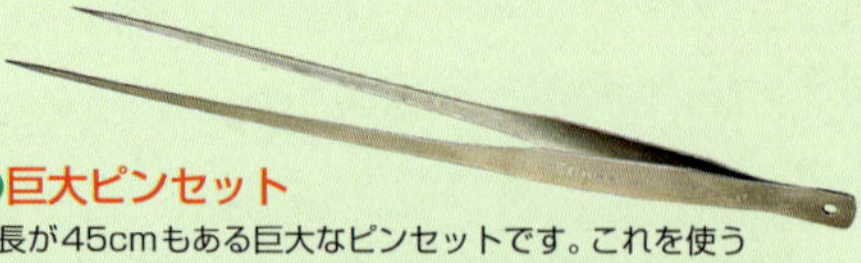

●巨大ピンセット
全長が45cmもある巨大なピンセットです。これを使うと、ミニ・ビオトープに沈んでいる枯れ葉などを手を濡らさずに取り出すことができます。ただし、先端が尖っていて危険なので、厳重に保管してください。

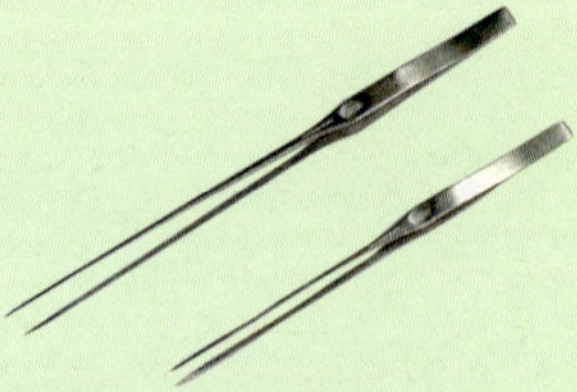

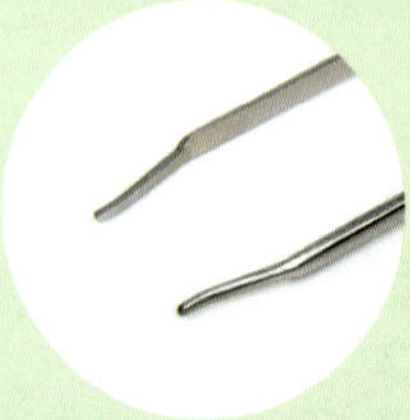

●カッター機能付きピンセット
一見、普通のピンセットですが、ねじるようにピンセットに力を加えることで先端部分を交叉させ、水草の茎や葉をカットできる機能があります。

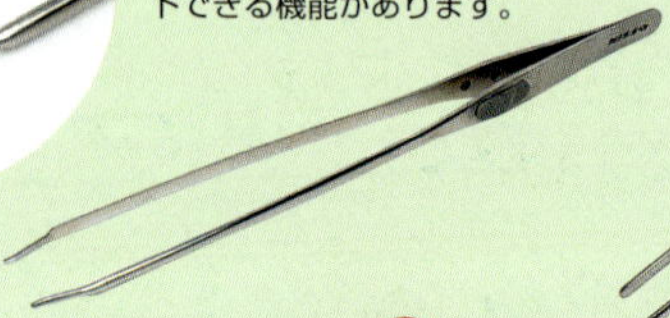

●水草レイアウト用ピンセット
水草を植えたり枯れ葉をつまめるピンセットは、大小二種類あると何かと便利です。

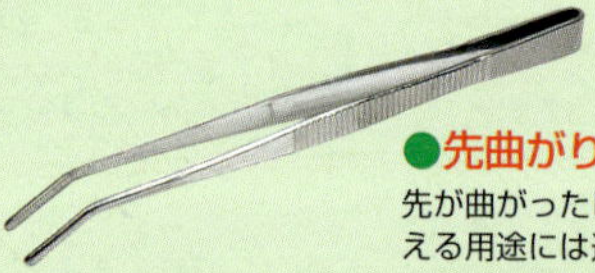

●先曲がりピンセット
先が曲がったピンセットは、植物を植える用途には適していません。真っ直ぐなピンセットを用意しましょう。

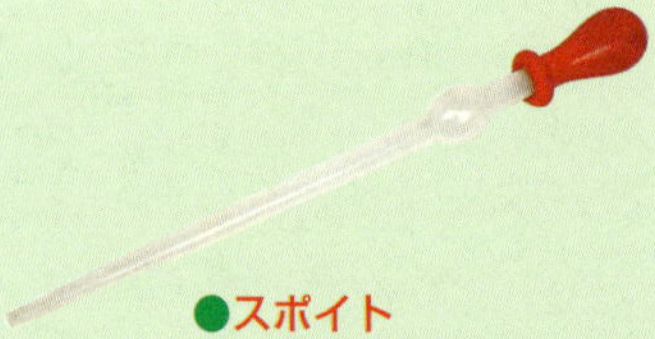

●スポイト
このタイプのスポイトは分離できるので内部を洗浄しやすいのですが、赤いゴム部分が経年劣化しやすいようです。溶かした冷凍アカムシなどを魚に与える際に使用します。

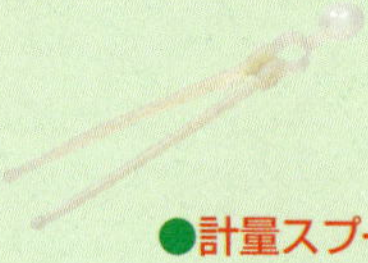

●計量スプーン付きピンセット
合成樹脂製の小さなピンセットに計量スプーンを付けたアイディア製品です。これを使って、毎日魚たちに一定量の餌を与え、餌の与え過ぎを防止しましょう。

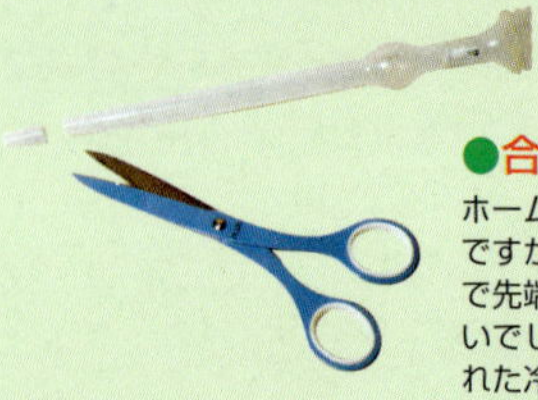

●合成樹脂製の一体形スポイト
ホームセンターなどで入手できるスポイトですが、吸い込み部分が狭いので、ハサミで先端部分をカットし、適度に広げるとよいでしょう。こうすると、解凍して水に入れた冷凍アカムシなどを吸い込めるようになります。

●コケ取りクロス
スイレン鉢などの内側に必ず発生する各種のコケを、きれいにぬぐい取りたい時にとても便利な製品です。ぬぐい取ったコケを布の内部に止め、ほとんど水中へ拡散させないことが最大の特徴です。

●pH調整剤
pHを酸性側に傾ける製品（pHマイナス）と、pHをアルカリ側に傾ける製品（pHプラス）があります。pHの調整には便利な製品ですが、あまり急激なpHの変動は、魚の健康にとって好ましくありません。したがって、使用する場合は、時間を開けて数回に分け少しずつ使用したり、数日かけて目的のpH値にするぐらいの慎重さで使用してください。なお、使用時は、電子式pHメーターやpH試薬などでpH値を絶えずチェックしながら作業を行ないます。

●コケ取りグッズ
コケをきれいに取り除くための製品は、各社からかなりたくさん発売されています。

ミニ・ビオトープの飼育用品 03

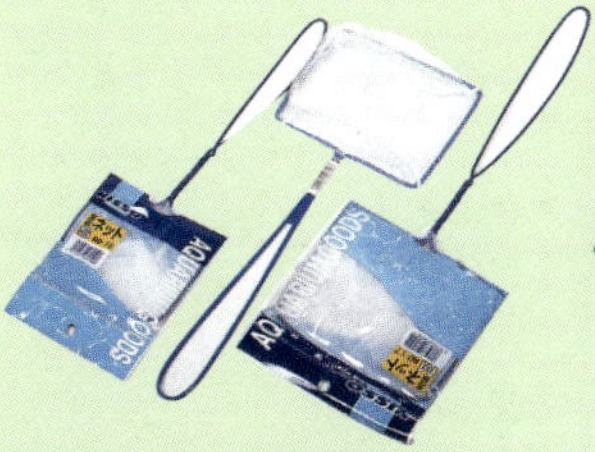

●一般的な白い魚網

飼育容器内にいる魚をすくう際に必要です。様々なサイズの魚網が売られていますが、小型魚用としては網の部分の幅が10cm ぐらいの製品が使いやすいでしょう。ネットの目が粗い魚網は水の抵抗が小さいので、ミニ・ビオトープの水底に溜まった大量の枯れ葉などをすくい集める時に活躍します。

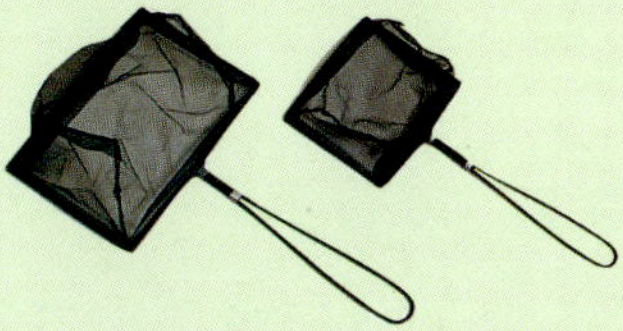

●黒い魚網

ネット部分が黒い網はそれほど一般的ではありませんが、このほうが魚を簡単にすくえます。魚は白い網からは逃げますが、暗いところへ逃げ込む性質があるので、黒い網だと魚が網の中に入りやすいからです。大きなミニ・ビオトープでは、魚を大きな黒い網に追い込むようにすると捕まえやすいでしょう。

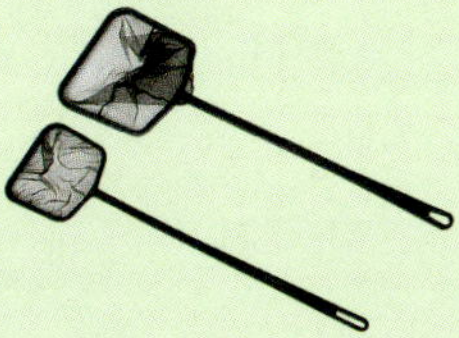

●プラスチック製の黒い魚網

すべて合成樹脂で出来ているので軽く、水に浮くのが最大のセールスポイントです。これも黒い魚網ですから、魚はすくいやすいはずです。サイズは3タイプほどあるようです。なお、この魚網は、ネットの目が細かく、古くなると経年劣化で破れやすくなるので、流木などに引っかけないようにして使いましょう。

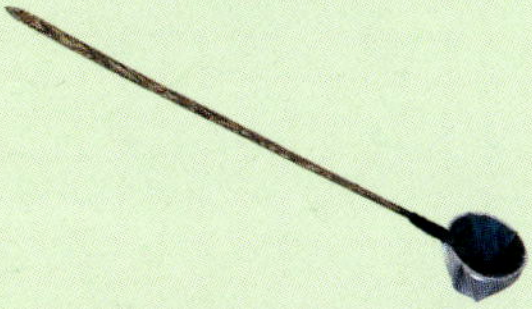

●小型魚用魚網（カチョン）

メダカの稚魚などを水ごとすくうことができる小網です。かなりお薦めできる便利グッズです。器用な方なら自作もできるでしょう。

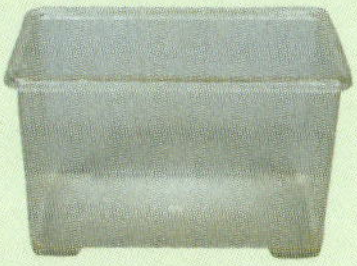

●プラケース

プラスチック製の小さな容器ですが、観賞魚の飼育では、数個あるとかなり便利で、意外に活躍してくれます。

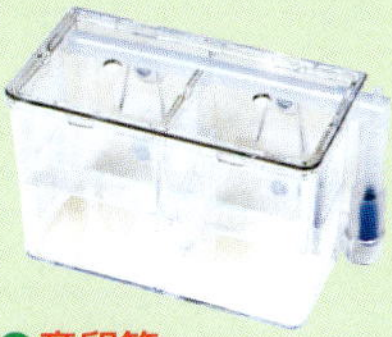

●産卵箱

メダカの稚魚などの一時的な隔離スペースとしても使えます。内部に酸素を供給するエアレーション機能が付いている製品がお勧めです。

●スネールホイホイ

水槽にいつの間にか侵入してくるスネール(小型の淡水貝)を取り除く器具です。容器内に餌を入れて誘き寄せる単純な機能が笑えます。

●組み立て式水槽台

スチール製の水槽専用台です。濡れると錆びるので、防水ペンキを塗りましょう。安価な組み立て式なのでお勧めです。

●電池式フードタイマー

24時間タイマーを内蔵し、毎日、指定の時刻に水槽などへ乾燥餌を投入してくれる装置です。便利ですが、餌の形や大きさによっては不向きなものもあります。短期間なら、小さなプラケースを被せるなど、雨に濡れないようにように設置すれば、屋外でも使えます。

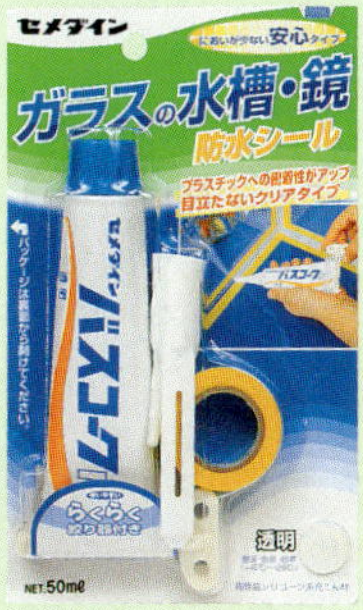

●シリコン系接着剤

防カビ剤が入っていないシリコン系接着剤です。浴室の補修用などのシリコン系接着剤には、魚に有害な防カビ剤が入っていますので、購入時にはよく注意してください。石組みレイアウトの制作やガラス水槽の補修には、必ず「水槽の補修用」と用途に明記されたシリコン系接着剤を使いましょう。ヒビが少し入ってしまったスイレン鉢の補修にも使えます。

サーモスタット ほか

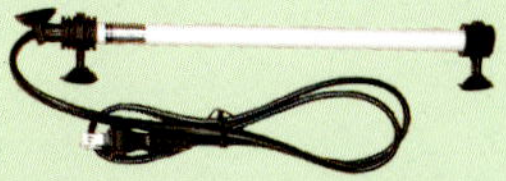

●ヒーター

通電によって水温を上げる耐水性の電熱器具です。なお、形がそっくりなサーモスタット付きヒーターを使い慣れていると、うっかりこのヒーターだけをコンセントに差し込み、魚を煮殺してしまう事故がとても多いので注意してください。もちろん、最悪の場合は、火事を引き起こします（安全性が高い、安全装置が付いたタイプがお勧めです）。

●サーモスタット付きヒーター

サーモスタット付きヒーターは、取り扱いが容易なのでビギナーの方にお勧めします。

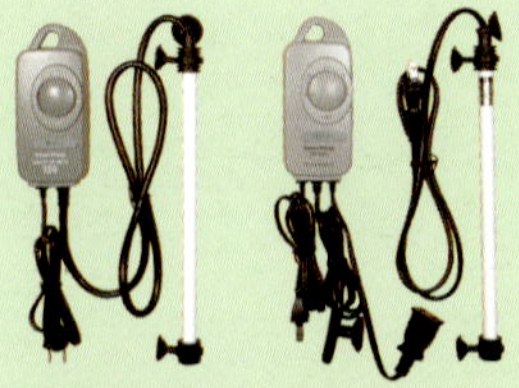

●サーモスタットとヒーター

水温を一定に保つサーモスタットは、やや高価ですが、機械式より壊れにくく設定が容易な電子式をお勧めします。また、水温を上げるヒーターは、容量が大きめのものを用意してください。屋外で使う場合は、防水仕様ではありませんので、特に本体（操作部分）が水に濡れない工夫が必要です。

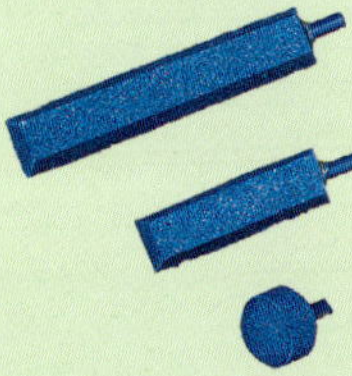

●エアストーン

飼育容器の水中へ空気を送るためにエアチューブの先に取り付け、水中に沈めて使います。各種の小型魚の飼育では、一番小さなものでかまいません。エアストーンを使ってエアレーションを行なえば、酸欠で死ぬことはなくなります。

●チューブタイプのエアストーン

●円盤型エアストーン

●エアチューブ用の3分岐コック

エアポンプから各飼育水槽へエアチューブでエアレーションのための空気を送る際に、途中でエアチューブを3方向へ分岐させ、空気の出方を微調整できる小さな器具です。他に2方向へ分岐させるタイプや、もっと分岐が多いタイプもあります。

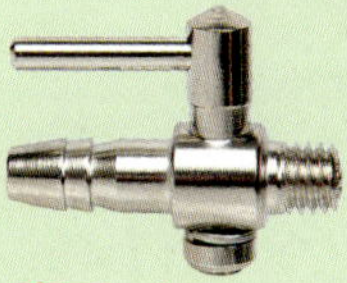

●一方コック

購入してきた魚の水合わせの時などに、エアチューブから出る水の水量調整に使えます。安いものですから、ひとつは用意しておきましょう。

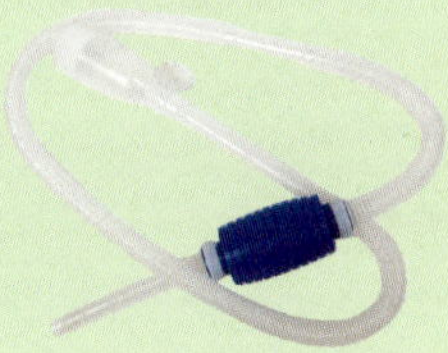

●排水ホース

水槽の水を簡単に排水するためのホースです。水槽飼育の必需品の一つでしょう。

●水草用オモリ

根が短いなどの理由で浮いてしまう水草をその重さで沈めてくれる便利グッズです。重いのに粘土のような柔らかさで、必要な長さに簡単に千切って使うことができます。

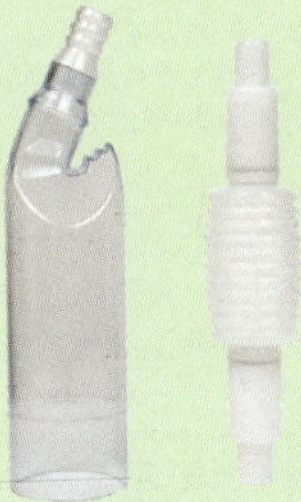

●砂利掃除セット

ホースは付属していませんが、普通の太さのホースを繋げて使います。水槽の排水時に、砂利を排水の陰圧（吸い込む水流）で巻き上げ、砂利の中の汚れだけ排水できる便利グッズです。

●小型水槽用排水ホース

排水ホースの小型水槽用です。少ない水量の水槽には、こちらの方が使いやすいでしょう。

ミニ・ビオトープの飼育用品 04

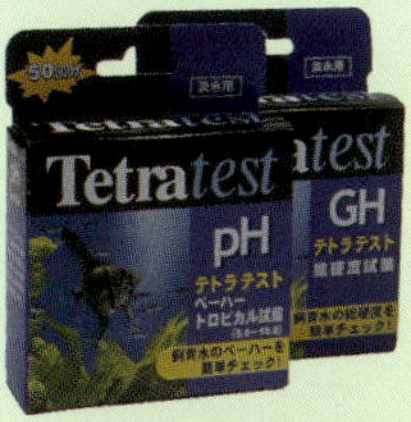

●各種の水質検査試薬

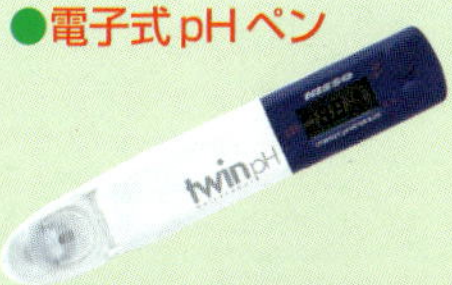

●電子式pHペン

水質検査試薬や電子式メーターは、観賞魚水槽の水質を知るためにぜひ用意したい水槽用品です。

●塩素中和液と魚類の粘膜保護剤

右の写真左側は、水道水に混入されている魚に有害な塩素を無毒化する中和液です。必ず常備しましょう。右の写真右側は、移動時などに魚類の表皮の粘膜をスレから守る保護剤です。

●二酸化炭素の添加器具

水中へ二酸化炭素ガスを細かい気泡にして放出し、水中へ溶け込ませるためのガラス製器具です。

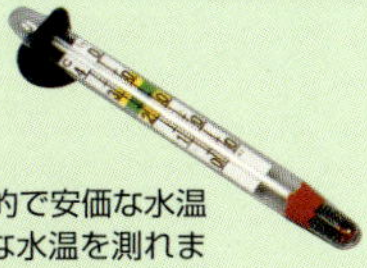

●水槽用水温計

このタイプが最も一般的で安価な水温計ですが、意外と正確な水温を測れます。ガラス製で壊れやすいので、予備を用意しておきましょう。

●活性炭

黄ばんだ水槽の水を透明にする吸着力をもつ製品です。ただし、魚病薬の成分なども吸着してしまいます。また、使い過ぎると魚が肌荒れを起こすこともあります。

●エアチューブ用キッスゴム

観賞魚ショップには、一般に家庭で使う普通の太さのホースやエアチューブなどを固定できる様々な大きさのキッスゴムが売られています。各サイズを常備しておくと便利です。

●二酸化炭素ボンベと開閉弁

水中に二酸化炭素ガスを添加（溶け込ませること）すると、見違えるほど水中に植えた水草の成長がよくなります。今や、水中での水草栽培には欠かせない製品です。

●エアチューブつなぎ

2本のエアチューブを繋げる時に使用します。とても小さな製品ですが、無いとかなり困ります。

●シリコンチューブ

直径5mmほどのチューブで、飼育容器の水中へ空気を送るために使います。かなり安価な製品ですので、長い距離でも気軽に使えます。

●各種交換用スポンジ

スポンジフィルターのスポンジは、使っていると劣化してきますので、時々、新しいものに交換しましょう。これらのスポンジは、各種フィルターの吸水部分に取り付けると、魚の稚魚や稚エビの吸い込み事故を防止できます。ただし、目が細かいスポンジほど、目詰まりしやすいので注意しましょう。

●ホース固定用ステンレスバンド

パイプと繋げたホース類を確実に固定してくれます。ツマミで絞めるタイプよりも、ドライバーで絞めるタイプの方がよりしっかりした作りになっています。

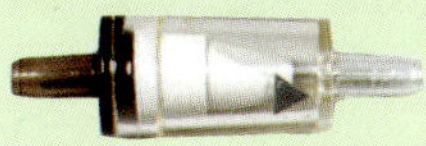

●逆流防止弁

停電時などに、水槽の水がエアストーンや二酸化炭素の添加器具に繋がったエアチューブの内部を逆流し、漏水事故を引き起こすのを防ぐ器具です（エアチューブの途中に付けます）。かなり小さいのでその存在を忘れやすいのですが、必ず使用してください。

フィルターほか

●外部式パワーフィルター
水草を育成する水槽に最も適したフィルターです。小型魚の飼育にも適し、本体は水槽の外部に設置します。屋外では、防水コードに接続して使い、雨に濡れない場所に設置します。

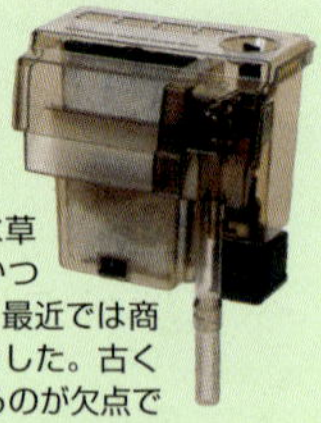

●外掛け式フィルター
手頃な価格で手に入る製品です。やや見栄えは悪いですが、ろ過能力は意外と高いので、小型水槽での小型魚飼育や水草育成に向いています。安価かつ高性能なので人気が高まり、最近では商品の種類も豊富になってきました。古くなると、やや音がうるさくなるのが欠点です。屋外で使う場合は、防水コードに接続して使い、雨に濡れない工夫が必要です。

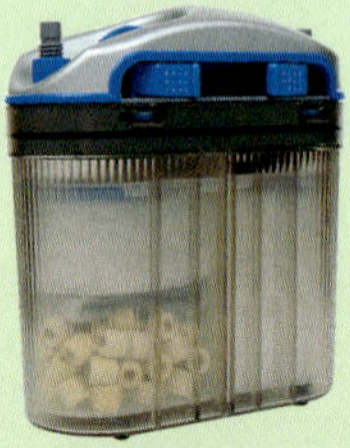

●外部式小型パワーフィルター
小型水槽のろ過能力を向上させたい場合に最適です。小さいですがしっかりとよく作られています。小型の水草水槽にお勧めできる製品です。屋外では、防水コードに接続して使い、雨に濡れない場所に設置します。

●底面フィルター
エアポンプから送られた空気で作動する仕組みの安価なフィルターです。ろ過能力は意外と高いのですが、水草水槽には不向きです。

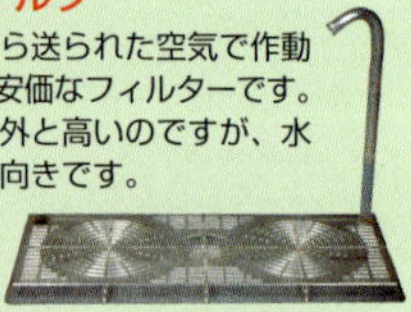

●水中設置式フィルター
水槽に沈めて使用できるフィルターです。ろ過能力はさほど大きくありません。屋外では、防水コードに接続して使い、接続部分が雨に濡れないようにして使います。

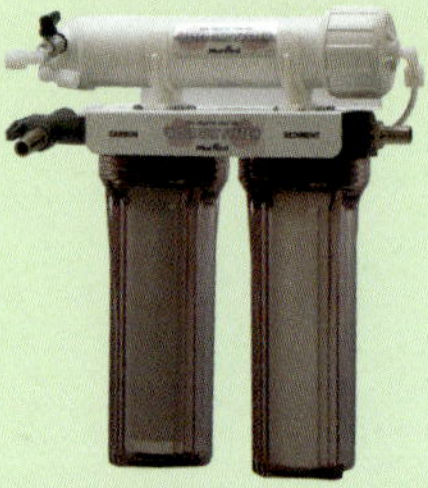

●浄水器
水道水や井戸水などの水から不純物を効率よく除去してくれる製品です。水質に敏感な魚に使うとよいでしょう。

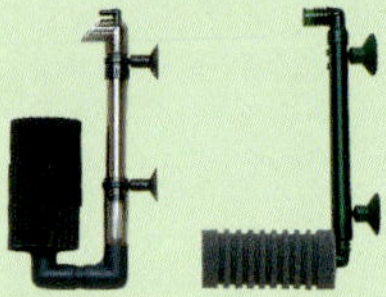

●スポンジフィルター
エアポンプから送る空気で作動させる小さなフィルターです。小さいですが、意外とろ過能力があります。小型魚水槽のサブ・フィルターに最適です。屋外でも使いやすいでしょう。

●上部式フィルター
魚を主に飼う水槽に最適なフィルターです。水草を育てる水槽にはやや不向きです。基本的に屋内向けの製品であり、防水仕様ではありませんので、屋外で使う場合は自己責任となります。それでも屋外で使う場合は、モーター部分が絶対に濡れないように工夫する必要があります。

●水中ボンド
水中で、不安定な流木や石を安定させたい時などに使います。「水中ボンド」と名付けられていますが、使った印象では「水中粘土」、といった感じの製品です。

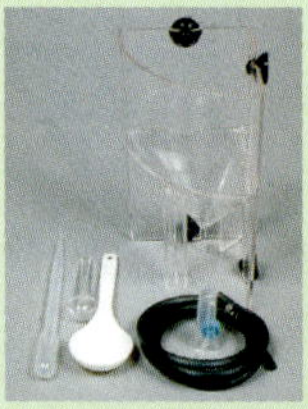

●シュリンプふ化器
普通の熱帯魚ショップで入手しやすい一般的なブラインシュリンプ・エッグのふ化装置です。ふ化させたブラインシュリンプの幼生は、メダカの稚魚などの初期餌料として与えます。簡単な構造なので、ペットボトルなどを加工すれば自分でも作れるでしょう。実際、自作して使っている方も少なくありません。

ミニ・ビオトープの飼育用品 05

●サンゴ砂

死んだサンゴの骨格が崩れて砂状〜小豆大になったものです。水質をアルカリ性の硬水に傾けるので、弱酸性の軟水を好む水草の水槽には入れてはいけない砂です。ただし、酸性になりやすい水質を中性付近に止める効果があります。

●各種の砂利

左から、サンゴ砂、川砂、硅砂、大磯砂（南国砂）。川砂は川で自家採集する砂ですが、採集場所によっては石灰岩が混ざっていることがあり、この場合は水質をアルカリ性の硬水に傾けるので注意してください。硅砂は水質を弱アルカリ性にしますが、白っぽいので底砂に使うと水槽内が明るくなります。大磯砂（南国砂）は最もポピュラーな水槽用の砂で、以上の砂利の中では、最も水草水槽に適しています。

●各種のろ材

ろ過槽の中に入れてバクテリアの繁殖床となるものですが、さまざまな種類が各水槽関連メーカーから発売されています。最も一般的なろ材は、小さな筒型をしていて穴が空いているリング状タイプのろ材です。このタイプで最も有名なのは「シポラックス」という製品名のろ材です。これは価格はかなり高価ですが、ろ材としての性能が高く、愛用している観賞魚愛好家が少なくないようです。

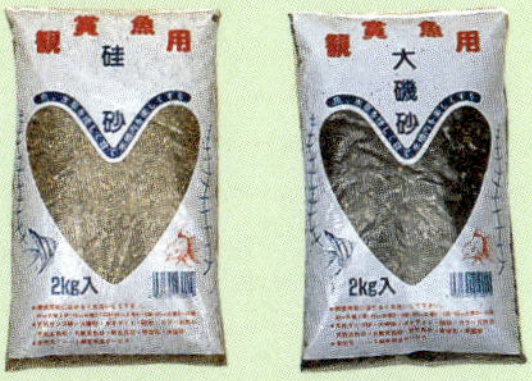

●袋入りの水槽用の砂利

水槽用の砂利は、袋詰めされた状態で売られていますが、中の砂利は洗浄すみのものは少なく、使う前によく洗う必要があります。砂利は、濁りが出なくなるまで、タライなどで米を研ぐように洗ってください。

●石

観賞魚ショップでは、各種のレイアウト用の石が売られていますが、気に入ったものがなければ川へ行って自家採集を行なっても楽しいでしょう。場所によっては派手な色の石も採れますが、地味な色の石の方が飽きにくいようです。

●流木

観賞魚ショップで売られている流木は、基本的に輸入された海外産の流木です（主にフィリピン産）。多くは水に沈みますが、アクは出るので、ナベで煮たり、長期間、水に漬けてから使います。

●テグス（ナイロン製の釣り糸）

丈夫なナイロン製の釣り糸で、流木に水草を固定する時などに利用します。糸の太さはかなり種類があり、強度が必要な用途に使うわけではないので、あまり太すぎないものが使いやすいでしょう。

●エアポンプ（静音タイプ）

水槽の水中へ空気を送るために使います。最近では音があまりうるさくない製品が増えてきました。

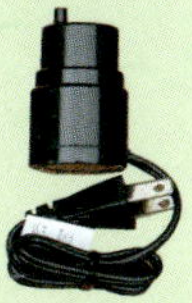

●超小型エアポンプ

親指大の超小型ポンプです。防水仕様ではありませんが、非常に小さいので、屋外でも活用しやすいエアポンプです。

●24時間タイマー

蛍光灯をつないでおけば、蛍光灯の消し忘れがなくなります。

屋外電源ほか

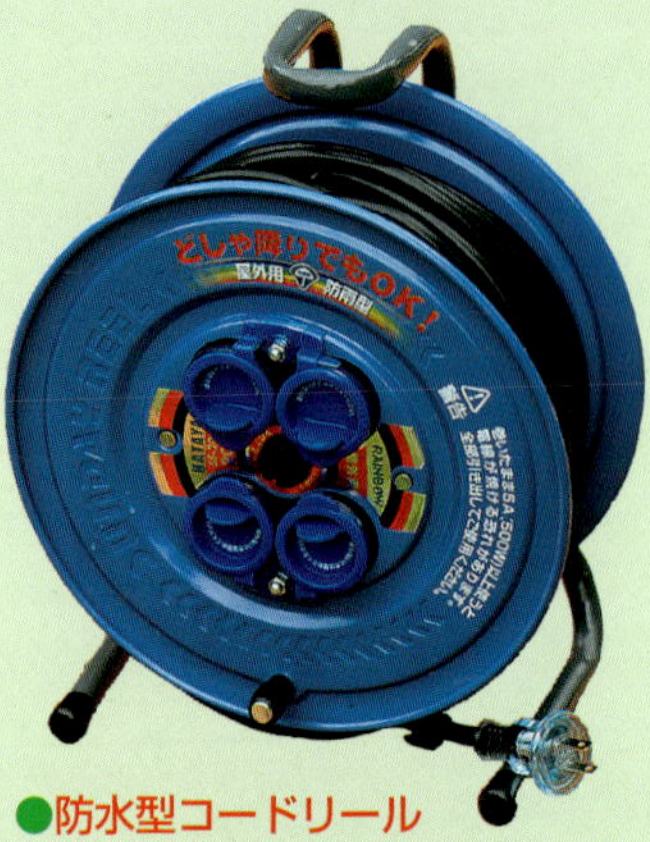

●防水型コードリール
（巻き取り型延長電源）

巻き取り式の防水タイプの電源です。これがあれば屋外でエアポンプなどを使いたい時に便利です。

●防水型３分岐コード

防水タイプの短い分岐コードです。防水コードの差し込み口を3カ所にしてくれます。

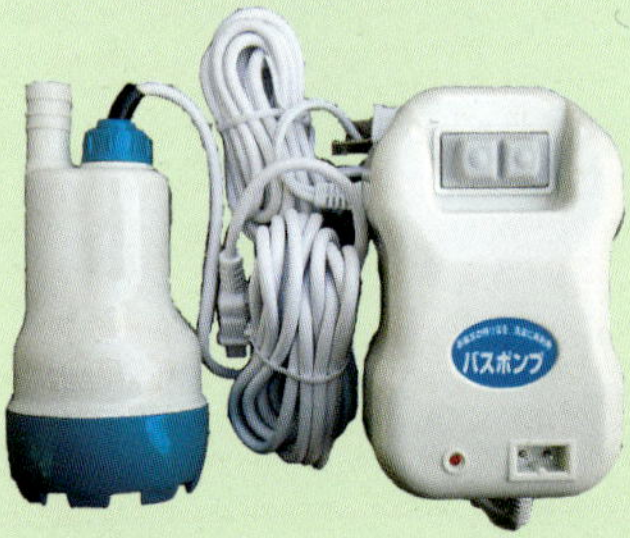

●お風呂ポンプ
（バス・ポンプ）

家庭用の防水ポンプで、本来の目的は、洗濯に使うため洗濯槽へ風呂の水をくみ上げる時に使う製品です。防水ポンプとしては小さくて軽いので、低い位置にあるミニ・ビオトープの水を排水する際などに使えます。ただし、泥水などには強くないので、泥や砂利を巻き込まないように注意して使用します。なお、ミニ・ビオトープで使った場合は本来の使用目的ではないので、すべて自己責任での使用となり、故障の場合でも保証されません。

◎屋外用便利グッズ

ここで紹介している製品は、なくても何とかなるものの、あるとかなり便利なものたちです。例えば、防水型コードリールや防水型3分岐コードなどは、屋外に設置したミニ・ビオトープで電気製品を使いたい時などに活躍してくれます。

お風呂ポンプなども、かなり多い水量の水をくみ上げたい時に大活躍してくれます。また、耐圧ホースは、広い庭の隅などにミニ・ビオトープを設置してある場合には欠かせませんし、たとえ庭が狭い場合でも、手元で水道の開閉をできる便利さは、一度体験したら、なかなか手放せないと思います。

また、乾電池で作動する携帯ポンプは、長い停電の時に魚が酸欠になってしまった時に必ず役立ちますので、ぜひ、一つは、乾電池と共に常備しておくことをお勧めします。

ミニ・ビオトープの飼育用品 06

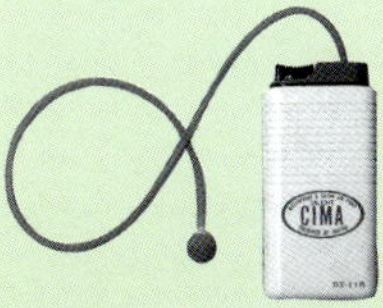

●携帯用エアポンプ

右の左側写真は、乾電池で作動する携帯ポンプです。右の右側写真は、使用例です。一つ常備しておくと、メダカなどの自家採集の時に活躍してくれるほか、停電時などに役立ってくれます。なるべく一流メーカー品を用意しましょう（写真の製品は、ナショナル社製、現在のパナソニック社製です）。

●小型魚運搬容器

小型魚運搬容器はフタで密閉できるタイプが運搬時に水が漏れ出しにくいので使いやすい。

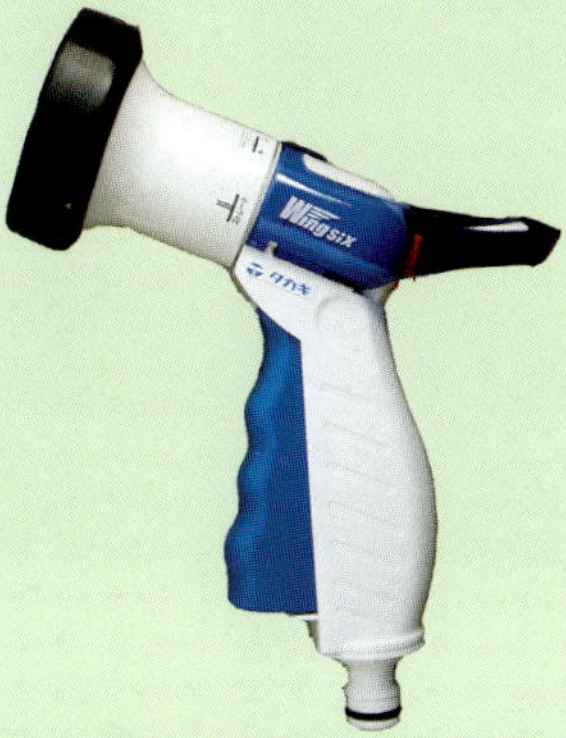

●マルチ放水器具

シャワー、ジョウロ、霧、ストレートなど、様々な形状の放水ができる便利グッズです。耐圧ホースにワンタッチで脱着できます。

●耐圧ホース用ジョイント

2本の耐圧ホースをワンタッチで脱着できるようにする器具です。切り離すと水を止水できるタイプもあります。

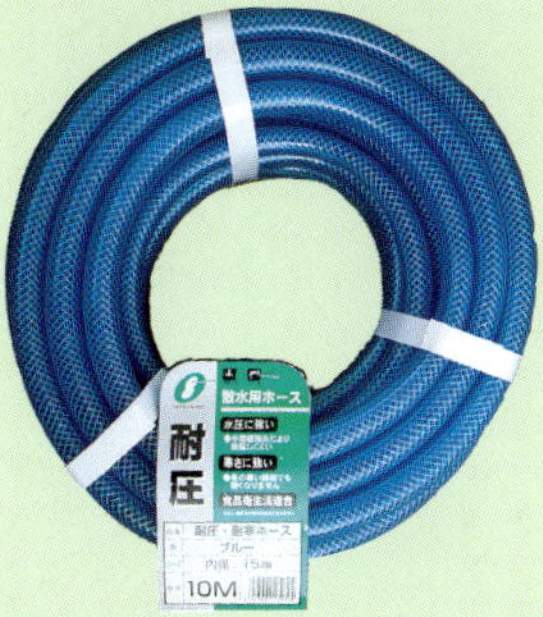

●耐圧ホース

高水圧に耐えられるホースです。庭が広い場合などに手元で水を出したり止めたりでき、かなり便利です。

Mini-Biotope Column 07

非常に珍しい双頭のミドリガメ（ミシシッピー・アカミミガメ）

◎ミニ・ビオトープでカメを飼うには

小さな子供がいる家庭では、お父さんやお母さんが作ったミニ・ビオトープで子供たちが小さなミドリガメ（和名はミシシッピーアカミミガメ）を飼いたがるかもしれません。ペットショップなどでよく売られている安価なミドリガメの幼体は、全長が5～6㎝と可愛らしく、子供たちに大人気のカメだからです。

しかし、このカメは雑食性なので水草も種類によっては食べてしまいますが、小さな個体はそれほど草食性が強くないので、普段から充分な餌を与えておけば、スイレンなどとの共存は何とか可能です。なお、ミニ・ビオトープ内にはミドリガメが上陸して甲羅干しを行なえる陸地を作っておく必要があります。また、このミニ・ビオトープにはあまり多数の植物を植えずに、出来るだけシンプルな構成にした方がよいでしょう。ちなみにこのカメは、脱走の名人でもあるので、目の粗い金網などでしっかりとしたフタを作っておく必要があります。

小さなミドリガメの飼育容器を兼ねたミニ・ビオトープの容器としては、直径が80㎝ほどのキング・タライなどを使うとよいでしょう（水換え時などにとても便利ですので、底の部分に水抜き用の栓が付いている製品をお勧めします）。この大きさの容器なら、成体になると甲長（甲羅の長さ）が30～35㎝になるミドリガメでも何とかずっと飼うことができるでしょう。

ミニ・ビオトープQ＆A

エラブタの部分が赤く見えるスケルトン・メダカ（桜メダカ）

アルビノのメダカの瞳はとても美しいが、自然にはいないメダカです（写真はアルビノ・ヒカリメダカ）

Q01…自宅で殖やしたメダカを近くの川や池に放そうと考えています。そのことを友人に話したら、「それはよくない！」と言われてしまいました。なぜ、メダカの自然の川や池などへの放流はだめなのでしょうか？

A…ほとんどの人は、日本の野生のメダカは、どこの地方のメダカでもすべて同じメダカだと考えています。しかし実際には、これは明らかに間違った知識（先入観）で、日本の各地のメダカは、それぞれ異なる遺伝情報を持つメダカであることが詳しい研究によりわかっています。日本のメダカを大きく分けると、北日本集団と南日本集団の二つに分けることができ、さらにその二つの集団を細かく分けると、ちょうど10のグループに分類できる（2グループ→10グループ）ことがわかっているのです。

全国に分布している日本のメダカの10グループは、それぞれのグループ内でも地域ごとに多様な遺伝的独自性を持つメダカのグループがいると考えられています。そのため、ある産地のメダカを人がたくさん繁殖させ、その殖えたメダカを別の場所の自然の川や池に放つと、その地に昔から棲んでいた野生のメダカの遺伝子が他の場所のメダカの遺伝子と混ざってしまい、混血のメダカが生まれ、結果的にその地域（放流場所周辺）の純血の野生のメダカの遺伝情報が確実に損なわれることになってしまうのです。

一度でも混血のメダカが生まれてしまうと、水の中の世界のことですから、元の状態に戻すのはまず不可能です。そのため、別の場所で採集されたメダカや、あるいは、別の場所のメダカの遺伝子を持っている可能性があるメダカ（採集地が不明のメダカ）、改良品種のメダカなどはすべて放流してはいけないのです。つまり、自然の川や池などに放流しても問題のない唯一のメダカは、放流する同じ場所で以前採集した野生のメダカだけなのです。このやり方以外のメダカの放流は、一見、自然保護に役立つ行為のように思えますが、実は自然を壊す行為となってしまうのです。

Q02…メダカの繁殖に挑戦中です。でも、なかなか殖えてくれません。何が悪いのでしょうか？

A…メダカの飼育では、その繁殖は大きな楽しみの一つです。メダカの繁殖を経験してメダカ飼育の楽しさに夢中になる方も少なくないようです。メダカの繁殖はかなりやさしいのですが、なぜか上手く繁殖できない方も少なからずいるようです。

実はメダカは、自分たちが産んだ卵や稚魚を見つけ次第食べてしまう習性を持つ魚たちです。メダカの繁殖を成功させたい方は、このことをよく覚えておいてください。メダカが自分の産んだ卵を食べていることに気付かずに、メダカがなかなか卵を産まない、あるいは、稚魚がふ化しないと悩んでいる方は少なくないようです。

特に、メダカを飼っている水槽が狭く、ほとんど水草などが植えられていない場合は、メスのメダカが卵を産んだそばから他のメダカたちがすぐに食べてしまっていることが考えられます。また、何とか卵からふ化できた場合でも、稚魚が大きな他のメダカ（幼魚も稚魚を食べることがあります）に食べられてしまっている可能性が高いです。

卵やふ化した稚魚を他のメダカから食べられないようにするには、飼育水槽に水草を多めに入れたり、水

開花し始めた温帯性スイレンのつぼみ

草などに産み付けられた受精卵を見つけ次第、すぐに別の水槽へ移動させると食べられてしまう心配がなくなります。ただし、このやり方だとメダカの稚魚が増えすぎてしまうことが多いので、自分が飼育可能な範囲で殖やすようにしましょう。

Q03…スイレンを育てていますが、花芽がなかなか伸びてきません。何が悪いのでしょうか？

A…スイレンの仲間は、根を土中に伸ばして栄養分を吸収し、その栄養を使って浮き葉を伸ばし、さらに太陽の光をたっぷりと浴びながら光合成を行ない、自分の体を充実させてゆき、たくさんの新しい浮き葉を作ります。浮き葉が増えてその株の体力が大きくなってくると、やがて花芽を水面上へ伸ばし、花を咲かせるのです。

つまり、花が咲かないということは、その株が花を咲かせるほど充分に力（エネルギー）をまだ蓄えられていないということです。また、花芽がつかない別の原因としては、日照不足が考えられます。スイレンの仲間は広い池や沼など、基本的に日当たりがとてもよい場所で進化してきた植物ですから、日照不足にはやや弱い面があるようです。

また、この仲間は、茎の付け根付近（新芽や花芽が出てくるところ）に太陽光線が当たり、強い光の刺激を受けることで、葉や花の新しい芽の成長が促進される性質があります。そのため、水面に古い浮き葉がたくさん付いたままになっているためにこの箇所に太陽光が当たらない状態だと、葉や花の新芽があまり出てこなくなります（水面の面積が小さい栽培容器ほど、この現象が起こりやすくなります）。したがってこれを防止するために、定期的に古い浮き葉は適度に間引くようにしてください。なお、スイレンに花芽を出させる方法として、栽培容器の水を一度に1/3ほど交換し、刺激を与える方法もあります。

なお、いくら花芽が出てこないからといって、油かすなどの肥料をたくさん与え過ぎないようにしてください。植物は動物と異なり、いわばその主な食料は、肥料などから得られる土中や水中の栄養分だけではなく、それらの栄養分＋太陽の光なのです。植物は、根などを使って体外から取り入れた土中や水中の栄養分を材料に、太陽光を利用して行なう光合成で自分の体を少しずつ作り上げてゆくのです。

そのため、充分な太陽の光がないのに肥料（油かすや液肥など）ばかりたくさん与えても、その栄養分を充分に活用できず、むしろその植物にとって過剰な肥料は有害となる場合すらあるのです。

熱帯性スイレン、ロイヤルパープルの花

Q04…スイレンの蕾にアブラムシ（アリマキ）が付いていました。どのように退治すればよいですか？

A…植物に取り付いて繁殖する小さなアブラムシは、時折羽が生えている個体が生まれ、空中を飛んで新たな場所へ移動し、生息域を広げます。そのため、水があるミニ・ビオトープに育つスイレンやその他の浮き草などにも寄生し、時には大繁殖して宿主の植物を弱らせます。

スイレンの蕾に取り付いたアブラムシ

アブラムシが大繁殖すると完全に駆除するのが極めて困難ですから、寄生を始めた初期の段階で指で潰したり、放水のシャワーで植物に寄生しているアブラムシを洗い流し、ミニ・ビオトープから水を溢れさせて水と共に流し去ってしまえばよいでしょう。

植物に大量に寄生したアブラムシを簡単に殺して駆除する強力な薬も販売されていますが、水中でメダカなどの様々な生き物を飼っているミニ・ビオトープでは悪影響が考えられますので使えません。もちろん、自然環境の保全に関心がある人なら、環境に悪影響を与えそうな薬は使いたくないことでしょう。そのため、アブラムシの駆除は、早期発見による人の手による退治しかないのです。

Q05…初めてスイレンの栽培に挑戦しようと考えています。温帯性スイレン、ヒメスイレン（温帯性スイレン）、熱帯性スイレン、どのタイプのスイレンから育て始めたらよいでしょうか？

A…基本的には育ててみたい種類、つまり、一番咲かせてみたい花のスイレンを選べばよいと思います。一般的な園芸店やホームセンターの園芸コーナーなどで売られているスイレンは、温帯性スイレンでも熱帯性スイレンでも、基本的にどの種類も育てるのがやさしいからです。ただし、スイレンのタイプの違いにより必要な栽培スペースがだいぶ異なってきます。ヒメスイレン→温帯性スイレン→熱帯性スイレンの順で浮き葉が大きくなるので、より大きな栽培容器（より広い水面）が必要となることに注意しましょう。

熱帯性スイレン、ロイヤルパープルの花を真上から撮影してみた。

Q06…ミニ・ビオトープの水中に、小さな巻き貝が大発生していて、とても気になります。水質に悪い影響はないようですが、見苦しいので取り除きたいと思っています。ただし、地下水など、環境を汚染する可能性がある薬品類はあまり使いたくありません。なにかよい方法はないでしょうか？

A…小さな巻き貝の仲間がいつの間にか飼育容器の水中に入り込み、大発生してしまうことは、水生生物の飼育には必ずと言ってよいほどよく起きる問題です。巻き貝の種類は、サカマキガイやモノアラガイなどが多いようですが、どの種類の貝であっても繁殖力が強く、一度、水槽などの飼育容器内で殖え始めると、その数はいつの間にか驚くほど多くなり、手で取り除こうとする気が起きないほどになります。

小さな巻き貝の仲間は無脊椎動物ですから、無脊椎動物にとって強い毒として働く硫酸銅（主に海水魚の白点病の治療に使われます）を使えば一挙に退治できますが、ミニ・ビオトープの飼育水が地面にこぼれれば、環境を銅で汚染してしまう可能性は否めません。

そこでお勧めしたいのが、淡水でも生きられる小さなフグを生物兵器として使う方法です（水温が20～35℃の夏期限定の方法です）。淡水でも生きられる小さなフグの仲間（熱帯魚ショップで売られています）は、好んで巻き貝を食べることが知られています。一番入手しやすいミドリフグは、飼育下では最終的に10cm（自然では15cm）ほどになる中型種ですが、かなり大きめの巻き貝でもよく食べてくれます（体長2～3cmの幼魚が熱帯魚ショップで売られています）。ただし、このミドリフグは数日ほどなら完全な淡水中でも生きられますが、本来は汽水域（海水が半分混ざっている河口などの水域）に棲むフグですので、たとえ水温が高い夏期の間でも、純淡水のミニ・ビオトープに入れたままにしておくことができないのです。そのため、このミドリフグに数日から5日ほど巻き貝たちを食べさせて退治したら、あらかじめ、用意しておいた半海水（人工海水に同量の淡水を加えれば作れます）の飼育水槽（汽水の飼育水槽）へ戻してあげます。しばらくこの汽水水槽で飼い、体力を回復させるのです。この方法を繰り返せば、巻き貝をかなり少なくできると思います。

なお、熱帯魚ショップで売られている小さなフグの仲間には、完全な淡水中でも問題なく生きられる種類もいます。東南アジア産のアベニーパッファーや南米淡水フグ（やや高価）などです。特にアベニーパッファーは、比較的ポピュラーで安価

ミドリフグ

アベニーパッファー

桃色の花を咲かせるヒメスイレンの花

な純淡水産のフグですから、数匹入手して巻き貝を食べさせるとよいでしょう。ただし、このフグは、完全な淡水中でもずっと生きられるものの、成魚でも体長が2.5～3.5cmにしかなりませんので、巻き貝の小さな稚貝や幼貝しか食べられません。そのため、ミドリフグと組み合わせて巻き貝退治を行なうか、あるいは、大きな巻き貝は手ですべてつまみとって取り除き、小さな貝のみ、アベニーパッファーに任せましょう。

なお、ミドリフグやアベニーパッファーなどのフグの仲間は、空腹になると同居している魚のヒレを齧って食べてしまう（本体はまず齧らない）ことがありますので、餌不足に注意してください。

Q07…姫スイレンを育てています。肥料として油かすを土の中に埋めて与えていますが、どのくらいの

ふ化して間もないメダカの稚魚たち。白い稚魚はシロメダカの稚魚です。

ペースで追肥を行なえばよいのでしょうか？ 今のところ、葉や花芽はコンスタントによく出てきて、きれいな花を咲かせてくれています。

A…葉や花芽が順調に出てくる間は、追肥の必要は基本的にありません。肥料が足りているのに追肥を行なうと、その株が肥料過多で調子を落としたり、水中が過度の富栄養状態となり、アオミドロが発生しやすくなってしまいます。なお、追肥のタイミングですが、明らかに葉や花芽の出る間隔が開いてきたら、行なえばよいでしょう（同時に増えすぎた浮き葉も古いものから適度に間引いてください）。

ただし、水温が低下する秋には、スイレンの活動が低下し、その結果、葉や花芽があまり出なくなってきますから、追肥を行なうにしても、少な目にしましょう。

スイレンの葉の上で休む幼いニホンアマガエル

Q08…スイレン鉢に作った我が家のミニ・ビオトープにカエルが棲み着いて困っています。カエルがメダカを食べてしまうのではないか？と疑っているのですが、メダカの数は減ってはいないようです。そのカエルの種類は、図鑑で調べたところ、どうやら「トウキョウダルマガエル」という種類らしいです。このカエルはメダカを食べたりしないのでしょうか？

浮き草の上で体を休めるトウキョウダルマガエル

A…トウキョウダルマガエル（ダルマガエルの仲間、トノサマガエルの近似種）は、水辺を好み、その周辺域を活動範囲としている中型のカエルです。水辺が大好きなので、自分の活動範囲内にミニ・ビオトープがあると、かすかな「水の匂い」でもわかるらしく、小さなスイレン鉢などでも、いつの間にかちゃっかりと入り込み、スイレンの浮き葉や浮き草の上で静かに休んでいる姿をよく見かけます（ミニ・ビオトープで見かける頻度は、樹上性が強い小さなアマガエルよりもはるかに多いようです）。

ミニ・ビオトープでスイレンの栽培だけを行なっている人にとっては、トウキョウダルマガエルを見つけても、「あら、可愛い！」、あるいは、「カエルだ！ 気持ち悪い！」程度ですむ話でしょう。しかし、そのミニ・ビオトープでメダカを一緒に飼っている人にとっては、「カエルに私の大切なメダカを食べられてしまわないだろうか？」という心配がどうしても出てくるようです（これは、メダカの飼育に関する様々な方からの質問の中で、いつもベスト5に入るくらい、とてもよく聞かれる質問です）。

しかし、このカエルは、水辺に好んで棲んでいますし、時々、身の危険を感じると水中にも逃げ込みますが（数分なら、潜水したままでいられます）、基本的に虫しか食べませんので、メダカが食べられる心配はまずないのです。ダルマガエルの仲間だけでなく、わが国に棲むカエルの仲間は、すべてカやハエなどの昆虫食のカエルなのです。そのため、水中に棲むメダカを食べる能力もあまりなく、そもそも餌として認識していないようなのです（実験として空腹のトウキョウダルマガエルをメダカが泳ぐ水槽に数日ほど一緒に入れても、メダカを食べません）。

なお、わが国の広い範囲に帰化しているウシガエルは、時には鳥やネズミさえ食べてしまう極めて悪食のカエルですから、ミニ・ビオトープに侵入すれば、中にいるメダカが食べられてしまう可能性は高いでしょう。ただし、このウシガエルは意外と警戒心が強いカエルですので、トウキョウダルマガエルのようにミニ・ビオトープにやって来て、人にその姿を見せることはまずないでしょうから、それほど心配する必要はないでしょう。

ちなみに、ペットや実験材料としてわが国で飼われているアフリカツメガエルは、完全な水中生活を行なうカエルですから、メダカと同居させていると食べてしまうおそれがありますから注意してください。

Q09…大きなスイレン鉢に抽水性植物のナガバオモダカを植えてメダカを飼っています。まだ、ナガバオモダカの株が小さいので、中を泳いでいるメダカたちに太陽光が長時間、直接当たっているのですが、大丈夫でしょうか？

A…野生のメダカ（クロメダカ）たちは、太陽の光に当たってもそれほど問題はありません。彼らの黒ずんだ体色は、強い太陽の光に含まれる紫外線などから皮膚を守っているからです。一方、シロメダカやアルビノメダカなどの改良品種のメダカたちは、野生のメダカたちと比べれば、強い太陽光に弱いことが考えられます。そのため、スイレン鉢の中に、日陰になる部分を作ってあげた方がよいでしょう。簡単な方法としては、姫スイレンなどを植えて浮き葉を出させたり、あるいは、アマゾンフロッグビットやオオサンショウモなどの浮き草を、水面の1/4～1/5の面積を覆う程度に浮かべておけばよいでしょう。

Q10…ミニ・ビオトープに最も似合うメダカは、何でしょうか？

A…基本的には各人の好みの問題ですから、どんな種類のメダカでもよいと思います。ただし、自然度の高いミニ・ビオトープを目指すのであれば、やはり、日本の自然の川や池に棲んでいる野生のメダカ（クロメダカ）がよいでしょう。そして、さらに凝るなら、その野生のメダカは観賞魚ショップなどで購入するのではなく、自分で近くの川や池で捕まえてきて飼うのです。また、このミニ・ビオトープに植える植物は、植物図鑑でよく調べて、ナガバオモダ

ナガバオモダカとクロメダカの群れ

シュロ皮（繊維）を束ねてメダカの産卵床として利用

著者の家のシュロの木。人家の庭に生えているのをよく見かけます。

カのような帰化植物ではなく、わが国の在来種だけを選んで植えるとよいでしょう。そうして完成したそのミニ・ビオトープは、周辺の昔からの水辺の自然環境を再現した小さな自然となるのです。自然愛好者としては、人にちょっと自慢できるミニ・ビオトープと言えるのではないでしょうか？

Q11…メダカの卵を産ませる産卵床には、シュロの繊維がよいと聞きました。シュロの繊維は、どこで入手できますか？ また、どのように加工して使えばよいのですか？

A…シュロの繊維は、シュロの木（高さが最大で10mほどになるヤシ科の常緑高木。よく人家の庭に生えています。昔、育てるのが流行ったのでしょうか？）の幹にびっしりと生えている糸状の繊維（「シュロ皮」と言います）をむしり取ったものです。これをよく煮てアクを抜き、繊維を束ねて様々な卵生魚の産卵床として利用しています。

繁殖の際にシュロ皮に好んで卵を産み付ける魚は、日本のメダカだけではありません。例えば、卵生の熱帯魚の大半の種類が好んでシュロ皮に産卵を行ないます。その理由はお

青白く輝く体色が美しいアオメダカ

そらく、シュロ皮が黒くてとても自然な印象なので、卵を何かに産み付けたり（粘着卵）、何かの上にばらまく（非粘着卵）習性がある卵生魚のメスたちを、その気にさせる力がシュロ皮にはあるのでしょう。その結果、よい繁殖結果を得られた多くのブリーダーたちの評判で、メダカだけに限らず、様々な卵生魚の産卵床として、シュロ皮が使われてきたのでしょう（昔は適当な化学繊維がなかったことも一因でしょう。今では、シュロ皮の代わりに、適度な長さにカットしたアクリル製の毛糸を束ねて産卵床に使い、よい繁殖結果を得ているプロ・ブリーダーも少なくないようです）。

　ちなみにシュロにはシュロ皮がたっぷりと生えていますから、多少メダカの産卵床を作るためにむしらせてもらっても、それほど木にダメージを与えない（木が弱らない）と思います。もし、知り合いの家な

スイレン鉢の中を泳ぐクロメダカの群れ。底に砂利や土が敷かれている方が、メダカたちは安心できるようです。

どにシュロの木が生えていたら、理由を話して少しむしらせてもらい、自然素材の産卵床を作りましょう。

Q12…メダカを飼う場合、スイレン鉢などの底に砂利や土などを必ず敷いた方がよいでしょうか？

A…本来は自然の川や池で暮らしていたメダカを、スイレン鉢やタフブネなどの自然ではない環境の中で飼うわけですから、底には土などを敷き、できるだけ自然の環境に近づけてあげたほうがよいでしょう。飼育容器の底に土などを敷かなくてもさほど問題なく飼うことはできますが、敷いた方が落ち着くのか、本来の体色が引き出せるようです。

ただし、プロ・ブリーダーのように効率のよい飼育を行ないたければ、底には砂利などを一切敷かない方が、水底に溜まったゴミや糞など

を素早く排出できるのでよいでしょう。なお、この二通りの方法の折衷案として、飼育容器の底に砂利などを一切敷かず、その代わりに抽水性植物などを植えた植木鉢を入れる方法もあります。

Q13…ホームセンターにスイレン鉢を買いに行きましたが、気に入ったものがありませんでした。どこで探せば、もっとデザインのよいスイレン鉢を探せるでしょうか？

A…スイレン鉢の大半の製品は、陶器（焼き物）です。わが国には各地に焼き物で有名な産地がありますが、その数多い製品の中心はやはり食器類などで、メダカを飼うことができるスイレン鉢やメダカの飼育に流用できそうな大きな水鉢は、あまりたくさんの種類が作られていないのが現状です。しかし、最近では、スイレンの栽培ブームや、メダカの飼育人気の高まりから、スイレン鉢の製作とその販売に取り組む焼き物（信楽焼など）の生産業者も少しずつ増えているようです。ただ、これらの焼き物の生産業者は全国各地に点在していますので、なかなか一カ所で多様な種類のスイレン鉢を見ることができません。また、これらの生産業者は、全国ネットの販売網を持っていませんので、インターネット通販などだけで販売していることが多いようです。そのような事情から、これらの焼き物の生産業者が作ったスイレン鉢が、宣伝を兼ねて格安の値段でインターネットのオークション（ヤフーやビッターズ、楽天などのオークション）に出品されていることがあります（しかし、メダカ愛好家の数は近年かなり増えていますので、オークションの競争率はとても高いです。そのため、オークションで落札するには、それなりの覚悟が必要です）。

なお、ホームセンター以外の場所でスイレン鉢の現物を見て選びたい場合は、メダカの販売に力を入れている大きな観賞魚ショップなどへ行くとよいでしょう。これらの店では、メダカを飼うことができる大きなスイレン鉢を何種類も販売していることがよくあるからです。ただし、これらの店で売られているスイレン鉢は、デザイン的には魅力的な製品が多いですが、ホームセンターで販売されているスイレン鉢よりもずっと高価な製品が中心です。

透明な体のために、赤いエラが透き通って見えるスケルトン・メダカ（桜メダカ）

Q14…できるだけ珍しいメダカの改良品種が欲しかったので、メダカ専門店のインターネットショップを数店ほど覗いてみましたが、欲しいと思った種類はすべて売りきれでした。どこへ行けば日本のメダカの珍しい品種を購入できますか？

A…メダカに限らず、どんな種類の魚でも、人気がある魚の珍しい改良品種は、すぐに完売となってしまいます。新たに登場した珍しいメダカの改良品種は、個体数がまだ少ないのが普通です。しかし、まだ少なく珍しいメダカだからこそ、多くのメダカ愛好家の人たちが欲しくなり、売り切れとなってしまうのです。特に、季節商品であるメダカの仲間は、一般に春から夏にかけての季節がもっともよく売れますので（特に春〜初夏）、この時期に珍しいメダ

ミニ・ビオトープQ&A

カを買おうとしても、他のメダカ愛好家も同じく買おうとしますので、「人気種の新しい珍種メダカ」ほど、すぐに売り切れてしまうのです。

したがって、メダカ専門店のインターネットショップなどで新しくて珍しいメダカを買いたければ、春にはちょっと早い2月下旬〜3月上旬ぐらいから、それらのサイトを時々覗いて見る（これを「サイト・チェック」と言います）とよいでしょう。屋外に置いてあるスイレン鉢の水がまだ冷たい季節なら、そのサイトの訪問者はまだそれほど多くはないでしょうから、たとえ人気のあるメダカが売られていても、それらのほとんどがすべて売り切れということはまずないはずです。

もう一つの「人気種の新しい珍種メダカを買う方法」は、インターネット・オークションでしょう（一般のメダカ愛好家が繁殖させた珍種のメダカが出品されるのです）。ただし、このオークションでも珍種のメダカの入札がとても多いことは覚悟しなければいけません。そのため、価格も高くなりがちですが、それでも、インターネットのメダカ専門店で購入するよりは、ずっと安く買えることが多いはずです。

Q15…ミニ・ビオトープに自然な感じを出したくて流木を多めに使ったら、水が流木からしみ出る浸出液で濃い茶色に染まってしまい、とても困っています。どうすれば流木が水を茶色に染めないようにできますか？

A…観賞魚ショップで売られている流木には、アク抜き処理すみのものと未処理のものがあります。未処理の流木の方がずっと安いのですが、水槽などに入れるとその中の水を濃い茶色に染めてしまいます。これは、未処理の流木から、水を濃い茶色に染める成分が少しずつ流木の外へ染み出してくるからです。

流木の処理の方法は簡単で、水を満たした大きな容器（キングタライなど）に流木を入れ、大きな石やレンガ・ブロックなどで重しをして、しばらく浸けておくのです（数週間〜数カ月）。しばらくするとやがて水が濃い茶色になりますから、濃い

レンガ・ブロックで重しをして、未処理の流木を水に浸けている様子。

茶色になった水を排水し、新しい水に入れ換えます。これを何度かくり返せば、さほど水を茶色に染めない流木になるのです（ただし、多少は水を茶色に染めてしまいます。また、流木の元の木の種類によっても、水の着色の程度はかなり違ってきます。柔らかい材質の木ほど、流木になった時に、水を茶色に染めやすいようです）。この他の未処理の流木の処理方法として、流木を大鍋などで長時間にわたってよく煮る方法がありますが、大きな流木では大変な作業になりますので、あまりお勧めできません（小さな流木の処理には適しています）。

Q16…スイレン鉢でスイレンの栽培を楽しんでいます。この鉢の中に蚊が産卵するらしく、ボウフラがたくさん湧いて困っています。どうしたらよいですか？

A…抱卵したメスの蚊は、きらきらと反射する水面を見つけると、すかさず水中に産卵する習性があります。スイレン鉢の水面も、卵を持ったメスの蚊にとっては、絶好の産卵ポイントとなります。

蚊の卵は水中でふ化してボウフラ（蚊の幼虫）になると、水中にある様々な微細な有機物を食べて成長してゆきます。スイレンが植えてある水中には、ボウフラが餌にできる豊富な餌がありますので、かなりの数のボウフラがここで育ち、多数の蚊が発生してきます。

ボウフラを退治する一番簡単な方法は、スイレン鉢の中にメダカを数匹（2〜3匹）だけ放す方法です。メダカにとって生まれたばかりのボウフラは、絶好の餌となるからです。ボウフラを退治するためだけなら、メダカを1匹だけでもよいのですが、万が一死んでしまうこともありますし、そうなればまたメダカを入手してこなければなりません。それに最初からメダカを2〜3匹（オスとメスがいることが不可欠です）入れておけば、そのスイレン鉢の中で産卵をして、さらに可愛い稚魚が育つ可能性もでてきます。なお、メダカの繁殖を期待する場合は、メダカの卵や稚魚が親魚たちに食べられてしまわないように、マツモやアマゾンフロッグビットなどの浮かぶ水草を入れ、水面付近に隠れ家となる場所を作ってあげましょう。

Q17…ミニ・ビオトープに自然石を入れたいと考えています。入れるとよくない石はありますか？

A…ミニ・ビオトープを自然な印象に高める素材として、石は流木と同じくらい使うと効果的な素材です。観賞魚ショップへ行くと、主に熱帯魚の水槽レイアウト用に様々な自然

白い花が咲き乱れるナガバオモダカの群生

石が販売されています。これらの石は、水槽用品メーカーから発売されている製品もあれば、そのショップが独自に川から採集してきた自然石を販売していることもあります。前者は美しい模様や色をした石が多いのですが、石としてはかなり高価なのが難点です。後者の石は、わが国の川で採集された石ですから特別な種類の石ではありませんが、比較的安く売られていることが多いようです。

どちらの石もミニ・ビオトープで使うことができますが、自分で川へ採集に行き、石拾いをしても楽しいと思います。ただし、自然石の中には石灰岩のように、水質をアルカリ性の硬水に大きく傾ける石があります（スイレンの成長やメダカの健康に少し悪影響があります）。石灰岩はセメントの材料となる石で、この石が多く産出される山を流れる川には、たくさん転がっています。

スイレンの浮き葉の間を泳ぎゆくシロメダカたち

著者紹介

小林道信（こばやし みちのぶ）（写真・文）

1960年、東京都生まれ。世界でも数少ない熱帯魚専門の水槽写真家。撮影対象は、熱帯魚を中心に海水魚、海産無脊椎動物、水草、水草レイアウト水槽、メダカ、金魚、錦鯉、アクア・インテリア水槽と、水槽飼育可能な生物を中心に多岐に渡る。スタジオには50本以上の大小の水槽があり、様々な水棲生物を時間をかけて飼育し、ベストな状態に仕上げ撮影を行なっている。主な著書は、「ザ・熱帯魚」「ザ・熱帯魚水槽」「ザ・海水魚」「ザ・海の無脊椎動物」「熱帯魚・水草スーパーカタログ」「海水魚・海の無脊椎動物スーパーカタログVol.01～03」「熱帯魚完全飼育・怪魚編」「熱帯魚完全飼育・美魚編」（以上、誠文堂新光社）、「熱帯魚・水草カラー図鑑」（西東社）、「熱帯魚大図鑑」（世界文化社）、「熱帯魚・水草完全入門」（創元社）、「レッドビーシュリンプ」「アロアナグラフィック・アロワニアVol.1～21」「モンスターフィッシュ・キーパーズVol.1～6」（以上、ピーシーズ）など、80冊以上の著書がある。

現在、写真の弟子を全国各地から募集中。

連絡先は、03-3619-7763（FAX）、dohshin@mac.com（メール）

写真協力

小倉奈都子、黒澤良紀、東山泰之、森文俊、
株式会社 ピーシーズ、ワイルドライフサービス、関口養魚場

ミニ・ビオトープで
メダカを飼《か》おう！

NDC 487.71

2009年4月30日　発　行
2010年3月 1日　第２刷

著　者　小林《こばやし》道信《みちのぶ》
発行者　小川雄一
発行所　株式会社 誠文堂新光社
〒113-0033　東京都文京区本郷3-3-11
（編集）電話 03-5800-5769
（販売）電話 03-5800-5780

http://www.seibundo-shinkosha.net/

印刷・製本　株式会社 大丸グラフィックス

ISBN978-4-416-70927-6